量子とはなんだろう

宇宙を支配する究極のしくみ

松浦 壮 著

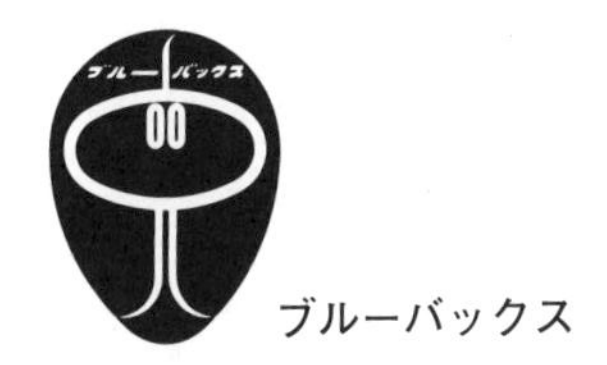

この本を父と義父に捧げます

装幀—芦澤泰偉・児崎雅淑
カバー写真—Science Photo Library／アフロ
カバー・本文イラスト—大久保ナオ登
本文デザイン・図版—齋藤ひさの

はじめに

顔を上げてまわりを見渡してみてください。私は電車の中で原稿を書くことが多く、今もまた電車の中でキーボードをたたいていますが、私のまわりではつり革が揺れ、空き缶が転がり、部活帰りらしい学生さんたちが談笑しています。世界には日々いろいろなことが起こりますが、本を書き始めたからといって世界そのものが変わるわけもなし。身の回りで展開される世界は今日もいつも通り。ザ・日常です。皆さんのまわりもきっと似たり寄ったりでしょう。

ここで、ちょっと不思議な質問をしてみましょう。

今見ているこの世界は、本当に世界そのものだろうか?

「痛々しい本を手に取ってしまった……」と本を閉じるのはちょっと待っていただきたい！　驚くことなかれ。ともすれば熱病に浮かされた若者が口走りそうなこの疑問は、実は現代物理学の核心のひとつです。そして、物理学は大真面目にこう答えます。

見えている世界は世界そのものではない

これは決して誇張でも煽り文句でもなく、「ものは何からできているのだろう?」という問いを探究し続けてきた人類が辿り着いた「量子」が従う理(ことわり)のひとつです。どうやらミクロ世界の住民である量子は、世界の大本であるにもかかわらず、私たちが直感的に思い描くのとは全く違った法則に従って動いているようなのです。

ヒントは意外と身近なところにあります。例えばこの本。皆さんは今、間違いなくこの本を見ているはずですが、皆さんが今見ている本は「本そのもの」ではない、と言ったら驚くでしょうか?　ですが、これはまぎれもない事実です。

皆さんの視界に映っているのは、本に反射した(と想像される)光が目に飛び込み、網膜に分布した視細胞が光に反応して電気信号を脳に送り、脳がその信号を処理することによって作り出された、いわば仮想現実です。本からもたらされるのは視覚情報だけではありません。指がページをめくるときに生じる圧力情報と、その際に発生する音情報と、本から出る糊の成分の情報が、それぞれ触覚、聴覚、嗅覚によって捉えられ、電気信号に変換されて脳に伝わります。人の脳は、それぞれのセンサーからやってくる電気信号のすべてと整合するように「本と呼ばれる物体の想像図」を構築します。本の存在にリアリティを感じるのは、この想像図が五感を通じて得られた情報のどれとも矛盾しないからです。

これは私たちが認識しているすべての物事について言えます。極論でもなんでもなく、私たちは最初から「世界そのもの」など見てはいません。見ていると思っているものはすべて、五感を通じて行われた「測定」と矛盾しないように構成された**世界の想像図**です。

こんなふうに思われるかもしれません。

「まあ、確かにそうかもしれないけどさ。何かがあるからその通りに見えてるんでしょ？　だとしたら、見えた物はそこにある【物の本当の姿】だと思っても問題ないじゃないか」

ごもっともです。確かに「見えている本」は感覚器官と脳が生み出した想像の産物かもしれませんが、そこに「本」と呼ばれる何物かがない限り、そんなものが見える道理はありません。自分が見ている本が他の人には見えないというなら（いろいろな意味で）問題ですが、どうやら他の人にも同じ本が見えているようです。もし五感が信じられないと言うのであれば機械を使っても構いませんが、精度が変わるだけで結果は変わらず、誰が観測しても同じようなものが見えるでしょう。であれば、現実問題として、

「見えている世界は本当に世界だろうか？　う〜ん、考えても答えは出ないし、見えたものはそのまま世界だと思っていても不都合はないし、それでいいんじゃないかな」

と考えても何ら問題はないように思えます。

ですが、この無邪気な世界観が通用した平和な時代は、20世紀前半に量子が発見されたことによって終わりました。本文で詳しく述べますが、量子というやつは位置や速度すら定まっていないのです。位置や速度は私たちの直感的な世界認識の根幹です。それらを使って表現できない「量子」を私たちの通常の認識に収めるのはかなり無理のある作業です。

ひとつ例を挙げましょう。この本をテーブルに置いて目をつぶってみてください。もちろん本は見えなくなります。ですが、だからといって「本が消えた！」と騒ぐ人はいませんね？　単純に視界から消えただけです。その証拠に（誰かがイタズラをしない限り）目を開ければ、本は先ほどと変わらずテーブルの上にあるはずです。空を眺めれば太陽や月がいつもそこにあるように、世界は私たちが見ても見なくても変わらずにそこに存在し、私たちが見ようと思えばいつだってそのありのままの姿を見せてくれる。これが、私たちがずっと信頼してきた常識です。

ところが量子は違います。ミクロ世界では、ある瞬間に何かが見えたとしても、次に見たときに同じものが予想通りの場所に見えるとは限りません。先ほどの本の例で言うなら、本をテーブルに置いて、目をつぶり、次に目を開けたら、誰が触ったわけでもないのに、テーブルの下に落ちていたり、台所にあったり、ひとつ上のフロアにあったりと、見つかる場所もまちまち、といった具合です（もちろん、本のような大きな物体ではここまで極端なことはまず起こらないので、あくまで喩えですが）。量子は本質的な意味で場所が定まっておらず、「見る」ことによって初めてその場所を確定させる、ということです。信じがたいことに、量子の世界では「存在すること」と「見えること」は同じではあり得ないのです。

「わけがわからない！　何を言っているんだ⁉」

おそらく、これが一番素直な感想でしょう。全くもってその通りで、量子にはこの手の「わけのわからなさ」がいつもついてまわります。人間は直感的に理解できないことを「難しい」と感じる生き物です。直感的な理解から乖離した量子論は、人間にとってどうしても理解しがたい存在です。

そんなもやもやとした量子ではありますが、その印象とは裏腹に、自然現象を予言するための手続き自体はしっかりと確立しています。「量子力学」と呼ばれる方法論に従えば、数学の助けを借りることでミクロ世界の現象を正しく予言できます。だからこそ、フラッシュメモリのような半導体技術からＭＲＩのような医療技術に至るまで、量子力学を駆使したさまざまな科学技術が開発されて、私たちの生活を豊かにしてくれているのです。科学の目的は、真理の探究などという曖昧なものではなく、現実世界を合理的・定量的に説明することです。曖昧さなく計算を実行することができて、その結果が自然現象と合致する以上、量子力学は自然科学として完全に正しい体系です。

ひょっとするとこんなふうに思うかもしれません。

「量子力学は正しいのかもしれないけど、そんなややこしい事情はミクロな世界だけの話でしょう？　僕たちが普段見ているのはマクロな世界なんだから、関係ないじゃないか」

気持ちはわかりますが、残念ながらこれは間違いです。これまた本文で詳しく述べますが、関係ないどころか、今私たちが目にしている風景は量子を前提にしなければ成り立たないからです。例えば、光が量子でなければ夜空の星は見えません。電子が量子でなければ、この世に「色」はありません。すべてが量子でなければ、我々の体も地球も消え去ってしまいます。量子というのは驚くほど身近な存在で、言うなれば、ずっと昔から私たちの目の前に姿を見せていました。世界が今の姿であることと世界の土台が量子であることは表裏一体なのです。直感的な理解を寄せつけず、計算のためには高度な数学が必要であるにもかかわらず、世界のことを知りたいと思うなら量子は避けて通れない。なんとも困ったことです。

ここでひとつ持論を述べさせてください。それは、

直感は育むもの

ということです。

例えば皆さん、小学校低学年の頃、簡単な足し算にすら苦労した覚えはないでしょうか？　で

すが、今は一桁の足し算を平気で暗算できるでしょうし、〈32＋43＝30〉という間違った式を見たときに、計算するまでもなく「おや?」と感じると思います。昔は苦労したことでも、今ではほとんど直感的に答えに辿り着けるということは、腑に落ちるまで正しい計算を繰り返した証です。この「腑に落ちる」という瞬間が大切です。これは、脳内に「回路」が構築される瞬間です。足し算に直感が働くのは、十分な経験を通じて「足し算回路」が脳内に作られたからこそ。これは生まれつき備わった脳の機能などではなく、正しい経験の積み上げによって得られたものです。

これは机の上だけの話ではありません。ボール投げなどもよい例でしょう。ボールにあまり慣れていない子供たちの投球はどこかちぐはぐな印象を受けます。本人も今ひとつしっくりこない様子。大人たちはなんとか投げるときの感覚を伝えようとしますが、なかなかうまくいきません。ところが、正しいフォームで繰り返し投げているうちに、身体の中で何かがつながる瞬間が訪れます。ひとたびそうなればこちらのものです。投球はどんどん上達し、大人たちも「それだ!」と声を上げ、気づけばまるで生まれたときからできていたかのような錯覚すら覚えるようになります。あれほどわからなかった「ボールを投げる」という感覚が、「投球回路」が構築されたことを境に直感的にわかるようになる。これもまた正しい経験の積み上げによって得られる能力です。

このように、直感が働くためには土台となる【回路】が必要で、回路を作るには正しい方向に積み重ねた経験が不可欠です。逆に言うなら、何か新しい物事が直感的にわからないと感じたなら、それを理解するだけの回路が構築されていないということ。かつて足し算やボール投げがそうであったように、正しい経験を十分に積むことで身体に回路が刻まれて腑に落ち、抽象的な概念をまるで実在のように感じられる。これが直感です。「直感は育むもの」と言った意味を汲んでいただけるでしょうか。

話を量子に戻しましょう。確かに量子には直感が働きません。しかしそれは、私たちが常識的に持っている直感を支える回路が、肉体に備わった五感による経験を通じて培われているからです。この手の経験を裏打ちするのは、量子力学ではなく、古典物理学の領分です。量子現象が古典物理学で扱えない以上、五感から獲得した知識や経験をいくら「わかりやすく」振り回しても、量子を直感的に理解することなど絶対にできません。ならば、量子を理解したければどうしたらよいか？　ここまでくれば答えはひとつです。**腑に落ちるまで正しい経験を積むべし。**これに尽きます。私はこの本を、そのための第一歩として書いています。

この本ではまず、私たちの日常的な世界観がどれほど深く古典物理学に根ざしていて、量子がどれほど古典物理学の対象とかけ離れているかを浮き彫りにするために、ニュートン力学の土台を支えるものの見方を説明します。

その後、量子が発見された歴史を振り返り、日常的に目にする自然現象のあちこちにこっそりと姿を覗かせる量子にスポットライトを当てます。こうした知識を持つことで、少しずつ、日常の中に量子を発見できるようになるはずです。これもまた直感を培う経験の一部です。

続いて、話はいよいよ量子力学に移ります。量子最大の特徴である「不確定性」に注目し、量子を表現するために何が必要かを追究します。その暁に辿り着く力学こそが、今日「量子力学」と呼ばれる体系です。

実は、量子を表現する方法はひとつではありません。ハイゼンベルクの行列力学、シュレディンガーの波動力学、ファインマンの経路積分などなど。見た目こそ違いますが、これらはすべて同じ予言能力を持ち、量子を正しく記述します。同じ山を見るにしても、色々な角度から眺める経験を積んで初めて美しい山並みの全体像が俯瞰できるように、色々な角度から〝観る〟経験を積んで「量子」の姿を心に描けるようになれば大成功です。そのプロセスの中で、私たちを取り囲む物質の姿は古典物理学では実現し得ず、量子の顕れそのものであることに気づくでしょう。

お話の後半では、量子の最も本質的な特性である重ね合わせと絡み合いに改めて注目し、量子たちが時空を超えて影響を及ぼし合っているという驚きの事実についてお話しします。この特性は、「量子計算」という形を得て、今まさに科学技術に応用されようとしています。量子計算の担い手である量子コンピュータが実現された今、「量子の経験」が作り出す新たな直感の回路はますます当たり前のものとなっていくでしょう。そんな未来の世界観を見据えて、この本の締めくくりとします。

なお、この本ではできる限り言葉による説明を心がけますが、正しい経験を積むために必要な数学は敢えて避けません。先述の通り、現在の理解をいくら振り回しても決して量子には辿り着けないからです。とは言っても、計算自体は中学生でもわかるレベルなのでご安心ください。数学やそれに伴う数式は考え方を濃縮したものです。たまに登場する簡単な計算を通じて、その背後にある考え方そのものに触れることが目的です。これもまたあらゆる学びに言えることですが、そうした濃縮した考えに触れる経験が文字通り触媒となり、理解に「ああ、そういうことだったのか」という深みをもたらしてくれます。

量子が発見されて100年あまりを経た今、私たちは、量子力学をベースにした科学技術に囲まれて暮らしています。量子を単純に「不思議だ～」と思うだけの時代はそろそろ終わりです。この本が「量子なんて当たり前」の時代に向けた一助になれば幸いです。

さて、御託はこのくらいにして本論に入りましょう。入り口は、私たちが慣れ親しんでいる「日常の世界」です。

目次――量子とはなんだろう

はじめに　3

第1章　「古典」の世界観　19

直感　20
「位置」とはなんだろう？　23
「速さ」とはなんだろう？　25
イプシロン・デルタにもう泣かない　27
「変化の速さ」という考え方　29
ものの動きを貫く理　31
世界は想像の中に　33

第2章 量子の発見 37

光は粒子? 波? 38
波としての光 41
物体から出る光の謎 46
物体から出る電子の謎 51
プランクの一撃 54
アインシュタインの追撃 56
粒子としての電子 60
原子のジレンマ 62
電子よ、お前もか! 65
幻想の消滅 71

第3章 光も電子も量子だからこそ 75

色が見えるということ 76
化学反応が光で起こるということ 78
乾電池の電圧が1.5Vであるということ 82
花火が夜空を彩るということ 84
お日様の姿がこのようであること 86
私たちがここにいるということ 90
夜空に星が見えるということ 92

第4章 量子の世界へ 99

行列のかけ算 126
ベクトルの内積が意味すること 128
行列の成分と内積 130
位置と運動量を表す行列／量子の状態を表すベクトル 132
物理量の期待値は行列の成分——現実と行列の交差点 132
不確定性は平均値からのズレ具合 134
不確定性関係と行列の関係 135
行列力学の処方箋 137

「不確定性」が意味すること——量子に至る通過点

古典の器・量子の器 100
ハイゼンベルクのジャンプ 102
顕微鏡の仕組み 103
電子を見るための「ガンマ線顕微鏡」 107
「不確定性」が意味すること——量子に至る通過点 110
それ本当？ 113
「量子の位置」と「測定された位置」 117
量子の自然観 120
そもそも行列って？ 123

第5章 量子の群像 145

行列とベクトル、どちらが本質? 147
ハイゼンベルク描像からシュレディンガー描像へ 149
波動関数とシュレディンガー方程式 156
とある天才の量子力学——経路積分法 160
ニュートン力学の深淵へ 161
関数を変数に 162
関数と「地形」 164
最小作用の原理 166
経路積分の方法 170
現実世界は干渉で決まる 172
量子力学は〝緩い〟古典力学 176
量子力学の風景 178

第6章 量子が織りなす物質世界 181

素粒子は究極の没個性——同じ量子に区別はない 183
量子がふたつあると? 187
フェルミオンとボゾン 189
スピン——量子の回転 192
状態は「位置」だけではない 196
ものに触れるということ 197

この世に水や空気があること 200
導体と絶縁体 205
金属が冷たくて輝くこと 210
トンネル効果――量子の〝壁抜け〟 213
アルファ崩壊――放射線が出る理由 217
フラッシュメモリにひそむ量子の理 220
走査型トンネル顕微鏡 223

第7章 量子は時空を超えて 227

重ね合わせの原理と観測 228
重ね合わせと不確定性関係 231
シュレディンガーの猫と観測問題 234
絡み合い状態 237
時空を超える絡み合い 239
アインシュタインの反論 240
ベルの不等式と量子力学の勝利 244
相対性理論の危機？ 249

第8章 宇宙の計算機——量子コンピュータ 251

「計算」とはなんだろう？ 252
古典計算 253
量子ビット 256
量子ビットの威力 257
万能量子コンピュータ 259
量子コンピュータは古典コンピュータの上位互換 261
量子コンピュータは古典コンピュータよりも速いのか？ 263
古典と量子の素因数分解 265
量子超越性 268
量子コンピュータは古典コンピュータを駆逐するか？ 270
量子コンピュータの課題と未来 272

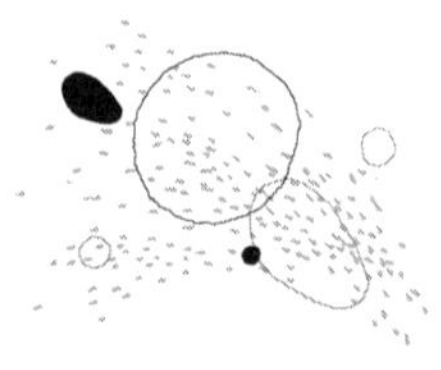

おわりに 277
付録 294
参考図書 295
さくいん 298

第1章

「古典」の世界観

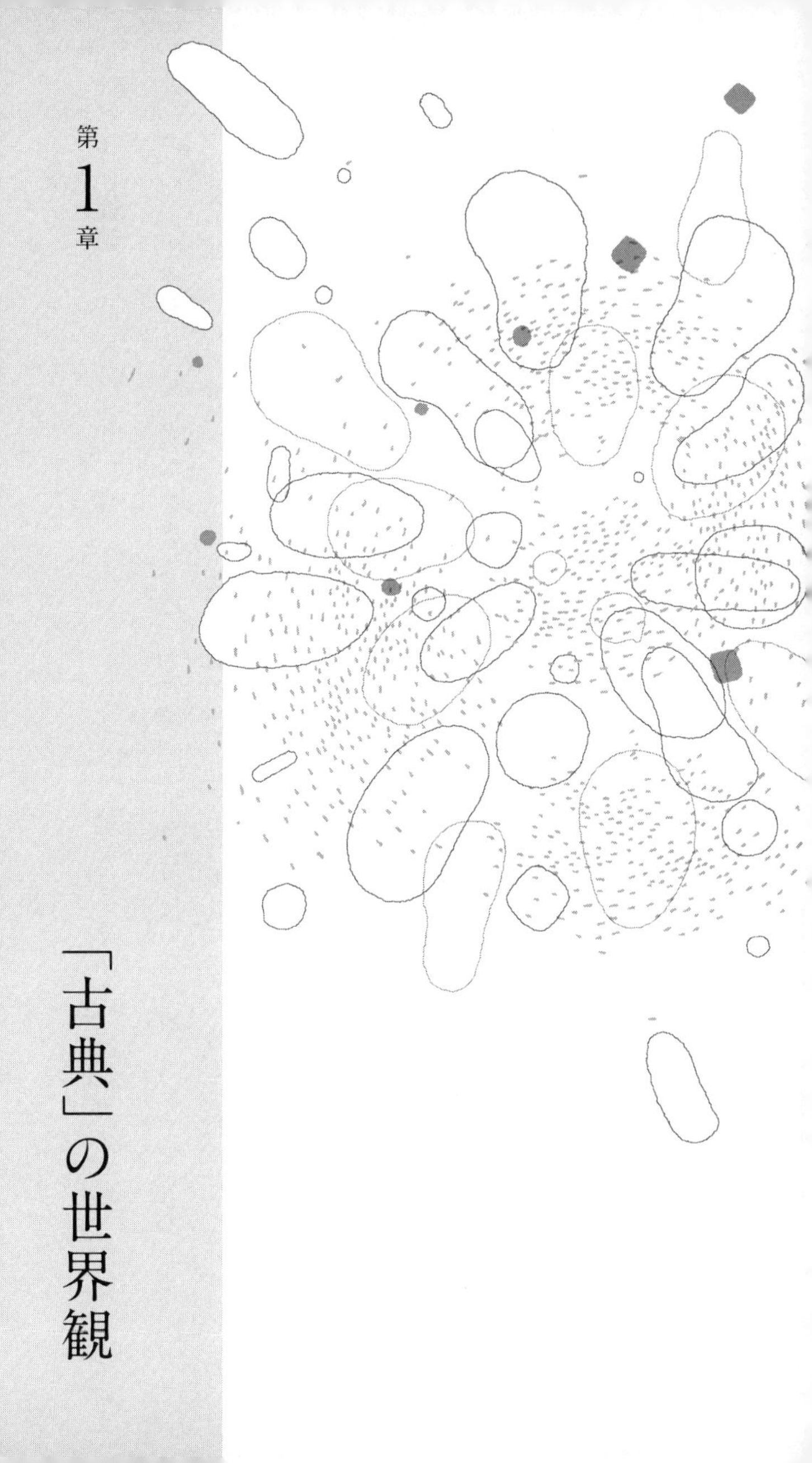

直感

改めてまわりを見渡してみましょう。やっぱり今日も世界はいつも通りです。ですが、注意深く見れば、この世界に完全に同じ出来事は二度と起こりません。今日の空き缶は、昨日の空き缶とは違った転がり方をしています。部活帰りの学生さんは今日はいません。すべては一期一会。目の前に起きている出来事は、すべて初めて目にすることばかりです。それにもかかわらず「いつも通り」と言えるのは、その出来事たちの中に「規則性」が見て取れるからです。

事実、身の回りの出来事は闇雲に起こるわけではありません。高いところにあるものは下に落ちる、物同士がぶつかると跳ね返るなどなど、必ず一定の規則性を持ちます。目の前の空き缶は、電車の揺れに合わせて転がることはあっても、突然飛び上がったり、変形したり、歌い出したりすることはありません。他の物事も同様で、どれも見慣れた動きを見せてくれます。私たちが「いつも通りの出来事」と呼んでいるものは、正確に言うなら「いつも通りのパターンを示す出来事」です。このように、私たちは知らず知らずのうちに、自分のまわりに起こる現象には一定の規則性があることを学び、それを皆で共有しています。この共有された規則性こそが常識であり、自然観の源です。

とはいえ、私たちは普段、この規則性を特別意識することはありません。せいぜい、「そういうもんだよね。当たり前じゃないか」という程度です。これは、まわりの人々と交流する中で、程度の差こそあれ、皆、概ね自分と同じ認識を共有していることがわかっているので、敢えて追究する必要がないからです。もう十分に確認されていると思っているので、改めて意識する必要性を感じないわけです。

ですが、気になるときには気になるのが人の性。「この規則はどのくらい規則的なんだろう？」と気になれば、調べてみたくなるものです。そんなときに有効なのが、自然界の出来事を抽出して、コントロール可能な環境で繰り返し実行する「実験」です。偶発的に起こる出来事をぼんやりと眺める状況とは違って、実験は調べたい出来事に集中できるので、日常とは比べものにならないほど大量の情報をもたらしてくれます。もちろん、「星が光る様子」のように実験できない出来事は観測に頼るしかありませんが、いずれにしても、注目している出来事を意識的に観測・記録することで、規則性を読み取る精度が格段に上がります。こうして得られた精度の高い規則性は「法則」と呼ばれます。

「な〜んだ、『法則』とか偉そうに言っても、常識的な経験則よりちょこっと精度が高いだけか」と思うかもしれませんが、それは半分あたり、半分はずれです。「物を押すと必ず同じように押し返される（作用・反作用の法則）」のように、経験的に学んだことが法則ときれいに一致していることもありますし、「物体は、重さに関係なく一定の加速度で落下する（落下の法則）」のように、直感と法則が食い違うこともあります（経験的には、重たいものの方が速く落ちるような気がしませんか？）。ですが、経験則と法則が矛盾したときにどちらを優先するべきかは明らかでしょう。そういう場合には経験則の方を更新する必要があります。例えば、アリストテレスの時代には「物体は力を加え続けなければ止まる」というのが運動の法則であると信じられていましたが、今では、ある程度知識のある人ならほぼ直感的に「摩擦が働いたから止まるんだな」と理解します。直感の方が慣性の法則に合わせて更新されたのです。これもまた、「はじめに」で述べた直感の育成の一例です。

こうした探究があらゆる身の回りの出来事について積み重ねられた結果、日常目にする出来事を支配する法則たちは19世紀までに概ね出揃いました。「古典物理学」の名で呼ばれる一連の法則群です。私たちが日常に規則性を感じるのは、自然界そのものが古典物理学の法則に則って動いているから。私たちが共有している規則性、ひいては、私たちが心の中に抱いている常識的な世界観は、古典物理学という精密科学に裏打ちされているからこそ、特別意識せずに安心して使うことができます。

このあたりは具体例を挙げた方が理解しやすいので、代表例として物体の運動に焦点を絞りましょう。人によっては当たり前のことをくどくど説明しているように感じるかもしれませんが、これもまた量子を理解するための布石ですので、しばしご辛抱ください。

「位置」とはなんだろう？

一口に「物体の運動」と言っても、物体には形があるので、回ったり変形したり、その動き方は結構複雑です。こういうときの鉄則は単純化、すなわち、できる限り簡単な状況を考えることです。

物体を細かく分割して、小さな断片に分けたとしましょう。その断片をさらに小さく、どこまでも分割したとすると、最後には大きさも形も無視できるくらい小さな「点状の何か」に辿り着くはずです。もちろん「真の意味で大きさゼロの物体は存在するのか？」という哲学的な問題はありますが、あくまで現実路線を貫いて、「形も大きさも意味をなさないほど小さいなら、それはもう実質的に『点』とみなして構わないだろう」と開き直ることにします。ただ、実体までなくなってしまうと困るので、質量だけは残っていることにしましょう。そのような極限的仮想物体を「質点」と呼びます。

質点はシンプルです。そもそも形も大きさもないので、その運動は位置が移動するだけ。そして、通常の物体は質点の集まりとみなせるので、その回転や変形は「物体を構成する質点の位置関係が変化する現象」と読み替えられます。となれば、質点の動きを調べることで、物体の回転や変形も含めて、原理的にはどんな物体の動きもわかるはずです。「質点の運動を考える」という単純化をすることで、物体の運動は格段に見通しがよくなります。

質点の運動は位置が変化することだと言いました。ここでちょっと当たり前の質問をしてみましょう。「位置」とはなんでしょう？　これ、よくよく考えてみると結構難しいと思いませんか？　実際、「位置」という概念を言葉だけで規定しようとすると、ある程度込み入った議論を避けられません。もちろん、その方向に突き進むのも面白いのですが、それとは別に、極めて現実的な答え方があります。測ればよいのです。

例えば、部屋の中に質点があったとしましょう。その位置は、部屋の隅から縦方向に何メートル、横方向に何メートル、高さが何メートルという具合に、3つの数字を物差しで測れば決まります。通常の物体なら大きさがあるので値に幅が出ますが、質点には大きさがないのでその心配もありません。3つの数字はバッチリ一通りに決まります。

3つの数字の組で表されるこのような概念を「3次元ベクトル」と呼びます。数学的な意味でベクトルであることを言うためには、本当はもう少しちゃんと議論しなきゃいけないのですが、まあ、細かいことはよいでしょう。元々概念にすぎなかった「位置」を3次元ベクトルという数学の言葉で表現したわけです。質点は位置が時間的に変化するので、「質点の運動」とは3次元ベクトルの時間変化として表現されます。これこそが古典力学の金字塔「ニュートン力学」に基づいて物体の運動を考えるときの出発点です。

大げさに聞こえるかもしれませんが、ここが物理と数学の接点です。元々「物体の位置とその変化」というのは、物理的（あるいは哲学的）な概念でした。それを、「物差しなどの器具を使って場所を測定する」という暗黙の了解の下に「３次元ベクトルの時間変化」と表現しました。概念を数で表現した瞬間に、それを扱う道具が自然言語から数学にシフトします。ベクトルを扱う数学は線形代数学、数の連続変化を扱う数学は解析学です。結果として、線形代数と解析学がニュートン力学を使いこなすための道具になります。世界がベクトルでできているわけではありません。**私たち人間が、世界をベクトルで表現した**のです。

「速さ」とはなんだろう？

質点の話に戻ります。物体の運動というのは「どこにいてどのくらいの速さで動いているか」なので、「位置」と同様、「速度」も大切な要素です。これもまた、日常的にはなんとなく認識しているけど、いざ言葉で説明しようとすると困ってしまう概念です。ですが、ここでもやはり現実路線を貫いて、速度も測ることにしましょう。

速度というのは位置が変化する素早さなので、一定の時間（1秒間にしましょう）に位置が何メートル変化するか、で表すのが手っ取り早くて便利です。例えば、ある時刻に10ｍの位置にあった質点が、５秒後に60ｍの位置にいたとすると、位置の変化は50ｍです。これが５秒間で起きたので、速度は10ｍ/ｓとなります。

ところで、５秒というのは結構長い時間です。例えばサッカー選手の動きを見ていると、５秒あればたくさんのフェイントを入れて、ボールの速度は激しく変化します。先ほどの10ｍ/ｓという数値はその平均値でしかありません。速度を精度よく測るには、できるだけ短い時間差を使って計算した方がよいはずです。

ところが、ここで少々困った事態に出くわします。先の計算で見たように、速度を測るには位置の変化が必要です。ところが、測るための時間差を変えると「平均的な速さ」は値を変えるので、１００％の精度が得られません。とはいえ、一番精度の良い速度が得られるはずの「時間差ゼロ」の状況では、そもそも位置が変化しないので、速度が測れなくなってしまいます。困りました。

この問題は数式を使うともうちょっと具体的に表現できます。と言っても、時刻t秒での位置を$x(t)$と表すだけです。この記号を使うと、０秒時点からΔt秒間の平均速度は$(x(\Delta t)-x(0))\div\Delta t$です（先ほどは、$x(0)=10\mathrm{m}$、$x(\Delta t)=60\mathrm{m}$、$\Delta t=5\mathrm{s}$としていました）。今の場合、$\Delta t$が有限のままだと平均速度は$\Delta t$を変えるごとに揺れ動いてしまいます。そうかと言って、できる限り精度の高い「時刻ゼロでの速度」を決めるために$\Delta t=0$とすると、$x(\Delta t)-x(0)$をΔtで割るという式が「０

÷0」という意味のない式になってしまいます。すなわち、どうやっても平均速度の値が定まらないように思えてしまうというのがこの問題の本質です。速度は、位置と違って近似的な概念にすぎないのでしょうか？

イプシロン・デルタにもう泣かない

ですが安心してください。これは杞憂です。ちゃんと考えると、速度も位置と同じくバッチリひとつの値に定まることがわかります。鍵になるのは、「ゼロというのは、負ではないけれど、どんな小さな正の数よりも小さい状態である」という当たり前の事実です。

ご自分の感覚で良いので、これ以上小さな幅はもう実質ゼロとみなしてよいんじゃないか？という長さを想像してみてください。ちなみに私の感覚では0.1㎜くらいです。なので、私としては1ｍと1・0001ｍの違いは無視してよいと思えます。これは速さについても同じです。速さというのは1秒あたりの移動距離なので、私にとっては秒速1ｍと秒速1・0001ｍは実質的に同じ速さです。このことを念頭に置きつつ、先ほどのΔtをどんどん小さくしていきましょう。

時間差が短くなると、その間に動ける距離が短くなるだけでなく、テレポーテーションのような挙動をしない限り、急激な距離の変化はどんどん起こりにくくなります。サッカーの喩えなら、5秒あれば1mを超える大きなフェイントを入れられるけれど、サッカーボールが連続的に動く以上、0.1秒ともなれば入れられるフェイントはどんなに頑張っても数㎝になる、といった具合です。もちろん、有限の時間内で測る以上、Δtを変えれば平均速度の値は揺れ動きますが、Δtが小さくなればなるほどその揺れ幅は小さくなり、Δtが十分に小さくなれば、その揺れ幅はいつか必ず私の「実質的に変化なしと思える幅」である秒速0.1㎜を下回るでしょう。そうなれば、私にとってはこの平均の速さはひとつの値に決定したのと同じです。

これだけ聞くと、「ひとつの値に決まったと言っても、それは勝手に決めた0.1㎜という基準の中でだけじゃないか」と思うかもしれませんね。ですが、仮にもっと厳しい基準を持った人がいたとしても、Δtをどんどん小さくすれば、いつか必ず揺れ幅はその基準の中に収まります。つまり、どんな小さな正の数（ε〈イプシロン〉）を基準に設定しても、その基準に合わせて十分に小さな時間幅（δ〈デルタ〉）を用意し、それよりも小さいΔtを考えれば、平均速度の揺れ幅は必ず基準にした正の数εよりも小さくできるということです。繰り返しですが、ゼロとは「どんなに小さな正の数よりも小さい非負の状態」です。ここで考えた揺れ幅はまぎれもなくこの条件を満たします。すなわち、Δtがゼロに近づいた極みでは揺れ幅は厳密にゼロで、平均速度は完全に確定したひとつの値に決まります。これが「速度」です。

余談ですが、ここでご紹介した考え方を「イプシロン・デルタ論法」と言います。シンプルで味わいのある考え方ですので、多くの人に楽しんでもらいたいな〜と常々思っています。

「変化の速さ」という考え方

今見てきたように、「速度が v である」というのは、大雑把に言うなら「ものすごく短い時間 Δt の間に位置が $v\Delta t$ だけ変化する」という意味です。これは、$v \approx (x(\Delta t) - x(0)) \div \Delta t$ という式を変形すると、$x(\Delta t) \approx x(0) + v\Delta t$ となることからもわかります。位置から速度を決めたこの操作を「微分」と言います。

これはとても汎用性の高い概念です。一般に関数 $f(t)$ のパラメータ t が Δt だけ変化して $t+\Delta t$ になったとき、関数の値が $f'(t) \times \Delta t$ だけ変化したなら、$f'(t)$ は $f(t)$ の微分であると言います[※1]。このように、微分というのは**変化の速さ**を表す概念です。速度というのは文字通り位置の変化の速さなので位置の微分だったというわけです。何か物事が変化しているときに、その変化の速さを知りたいと思う場面はたくさんあります。例えば株の取引をしているとき、株価がどのくらいの速さで動いているか、というのはとても重要な情報です。そんな場面に微分が顔を出すのは当然のなりゆきです。「微分」とい

※1　式で書くなら $f(t+\Delta t) \simeq f(t) + f'(t)\Delta t$ です。

う言葉を使うかどうかは趣味の問題ですが、「変化の速さ」という考え方は重要です。後の章でも物事の変化に言及する場面がありますが、そのときにも「変化の速さ」の考え方を使うことになります。もしその場面で悩んだら、ここでの説明を思い出してください。

今行った微分の操作を思い返すと、時間間隔Δtがどこまでも小さくできることを大前提にしていることに気づくでしょう。暗黙の内に、時間は連続的であることを仮定しているのです。もちろん現実的には測れる時間間隔には限界があるので、これもまた「質点」と同様、「測れないくらい短い時間なら『時間が経っていない』と考えて構わないよね」という〝開き直り〟の産物です。ですが、これは決して考えることを放棄したわけではありません。科学にとって大切なのは現実を説明することです。現実的な仮説を立てることで数学の便利な技術が使えるようになり、その結果が現実と合うからこそ、この仮説は「正しい」と判定されます。

この考え方は科学の基本です。微分やその逆操作である積分は、ニュートンが自分の作った運動法則を解析するために、必要に迫られて編み出した極めて実用性の高い技術です。もしこの本を高校生の方が読んでくれていたら、ぜひ、位置・速度・加速度が微分・積分で結ばれていることを意識しながら、筋の通った本物の物理学を勉強してみてください。授業の内容を非常に見通しよく理解できるはずです。

ものの動きを貫く理

さて、先ほど登場した慣性の法則が示す通り、物体というのは外部から何もしない限りその運動の様子（速度）を変えません。ということは、「速度が変化するときには何かしている」ということです。この「何か」が力です。日常的にも、強く押すと物体は大きく速度を変える、ということを誰もが経験していると思います。力の大きさは、重さと比較すれば、バネ秤などを使って容易に測定できます。そこで、同じ物体に力を加えてその加速度を測定する、という実験を繰り返すと、力を2倍にすると加速度も2倍に、力を3倍にすると加速度も3倍になる様子が見て取れます。ここまでくれば、先ほどの定性的な経験則は「質点の加速度は加える力に比例する」という定量的な法則として精密化できます。

ところが、同じように力を加えても、すべての物体が同じように速度を変化させるわけではありません。ピンポン球とボーリング球にデコピンをすると、ピンポン球はすっ飛んでいくのに対して、ボーリング球は指が痛いだけでほとんど動きません。このように、物体には「動きにくさ」に相当する量が備わっていることが見て取れます。これが「質量」です。「動きにくさ」を表す質量と「重力の強さ」を表す重さは本来違う概念ですが、どういうわけか、経験的にも実験的にも両者は比例しているので、質量は秤で正確に量れます。その理由を語り出すと一般相対性理論まで辿り着く楽しい話になります……が、ここでは自重します。そこで今度は、質量の異なる物体に同じ強さの力を加える実験を繰り返すと、質量を2倍にすると加速度が2分の1に、質量を3倍にすると加速度が3分の1になることがわかります。「重い物は動きにくい」という定性的な経験則が「物体の加速度は質量に反比例する」という定量的な法則に変わった瞬間です。これらを総合すると、物体に力を加えたとき、その加速度は、加える力に比例し、質量に反比例することになります。これが、ニュートンの運動第二法則、「運動方程式（$F = ma$）」です。

こうした説明からもわかる通り、この法則は私たちが日常の中で経験している運動の規則を、実験を通じて精密に確かめて、数学の言葉で表現したものです。私たちは、力一杯押した物体が勢いよく飛んでいったり、重たい台車を動かすのに大きな力が必要であったりすることに何の違和感も覚えません。むしろ「当たり前」と感じます。ですが、これは本来当たり前ではないのです。この世界は一定の法則に従って動くようにできていて、その規則通りに動く様子しか見たことがないから「当たり前」と感じてしまっているだけです。真の不思議は、自然界に規則があること自体にあります。その意味で、私たちの自然観は自然界の規則に基づいて構築され、その規則は、運動方程式に代表される極めて精密な法則として表現されます。私たちが心の中に抱いている常識的な自然観が、古典物理学という精密科学に裏打ちされている、という意味を理解していただけるでしょうか。

世界は想像の中に

さあ、準備が整いました。ある意味ここからが本番です。繰り返し述べてきたように、私たちの標準的な自然観は自然現象の規則性に裏打ちされています。そして、この規則性は、私たち自身が五感を通じて日常生活の中で学習したものです。ここでひとつ強調したいことがあります。それは、

五感は測定装置である

ということです。実際、視覚は光を、聴覚は音を、味覚と嗅覚は化学物質を、そして触覚は温度と圧力を測定して、その結果を脳に伝達しています。「はじめに」で「私たちが見ているものは五感を通じて行われた『測定』に基づく世界の想像図である」と述べたのも、これを念頭に置いています。私たちが常識的に「自然現象」と呼ぶものはすべて、測定に基づいて作られた想像図の中で起こる出来事です。

このことを踏まえて、ニュートンの運動法則が発見された経緯を思い返してみましょう。私たちはまず、質点という単純化された物体を想定したのでした。その質点を、五感やそれを補助する道具を使って測定し、3次元ベクトルという形で表現したものが位置や、速度、加速度、力といった概念たちです。ニュートン力学は、これらの数学的概念の間に成り立つ極めて厳密な規則

性で、その予言は私たちが直感的に理解している規則にピタリと符合します。自然現象とこの予言が何度測定しても一致するという経験を通じて、いつしか人は、「位置」や「速度」があたかも自然界に予め備わっているものであるかのように考えるようになりました。

ですが、やはりこれは錯覚なのです。「位置」や「速度」のような概念は、あくまで観測・測定した物事を表現するために人間が発明した「人間にとって便利な自然界の表現」にすぎません。そこには、五感という測定装置が持っている測定限界が色濃く反映されています。例えば、個人差はあるにせよ、人間の目には0.1㎜以下のものは見えません。そんな人間にとって、0・01㎜程度の物体は、大きさがあるにもかかわらず、実質的に質点です。もちろん、顕微鏡を使えばもっと小さな領域まで見えますし、「質点」と言える物体の大きさも小さくはなりますが、それでもそれは、本当は大きさを持っています。質点の位置を3次元ベクトルで表現したということは、本来有限の大きさを持った物体を点と思ってしまおう、というジャンプを行っているのです。

もちろん、だからと言って古典物理学が間違っているわけではありません。科学とは説明体系であり、その目的は測定された現象を合理的に説明することです。五感による測定結果を合理的に説明できる以上、やはり古典物理学の体系は正しいのです。ですが、それでもなお、「位置」や「速度」が人間の都合で導入された概念であることを忘れてはいけません。**位置や速度の概念を大前提として構築された古典物理学が測定結果を正しく説明するからこそ、位置や速度という**

概念も正当化されているのです。

ところが、後の章で説明するように、量子を古典力学と同じような「位置」や「速度」で表現しようとすると現実を説明できなくなります。これは不思議でもなんでもなくて、**長らく説明体系の土台をなしていた位置や速度という概念が、物事の理解や測定技術の向上に伴ってついにその役割を果たせなくなった**、というだけのことです。五感と直結した概念が便利に使えていた時代が終わり、自然界を表現するための言葉をアップデートしなければいけなくなったのです。

その一方で、古典物理学で使われる位置や速度は私たちが直感的に持っている世界認識に直結しています。それらを使って表現できない「量子」が直感的に理解できないのはむしろ当たり前です。例えば、（少々フライングですが）「量子は粒子なのか波なのか」という論争も、量子という存在を、粒子・波といった五感を通じて培われた概念に無理矢理押し込めようとして生じた混乱です。もちろん、量子の姿を思い描くために波や粒子の概念を便宜的に使うことはありますが、それは〝見立て〟にすぎません。量子を理解するためには、量子は従来の枠組みでは表現できないことを積極的に認めて、量子を正しく表現する経験を積む必要があります。その先にあるのが「量子の直感的理解」です。

少々先取りがすぎました。次の章では、歴史を振り返りつつ、人類が量子を認めざるを得なくなった経緯をお話しすることにしましょう。

第2章

量子の発見

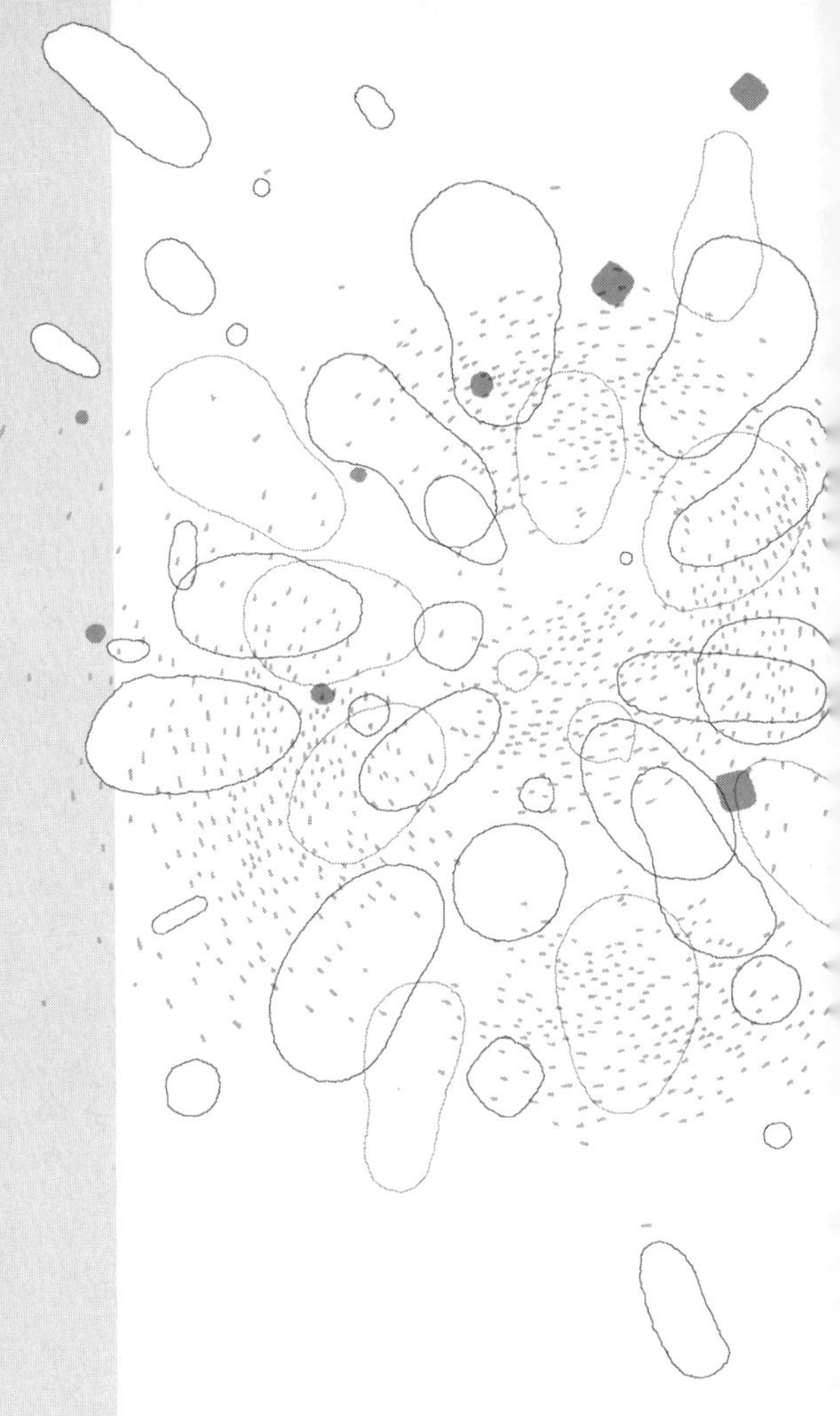

日常的な出来事をほぼ完璧に説明できていた古典物理学を根本から見直さなければいけなくなったのは、観測技術が向上し、五感では辿り着けない精度で自然界を観察できるようになったからです。その領域の現象は古典物理学にこだわっていては説明できませんし、実は、普段当たり前のように目にしている日常的な現象ですら、古典物理学だけでは説明が破綻してしまうこともわかってきました。

この章では、人類がこの現実に直面し、「量子」のアイディアを生み出した経緯を振り返ります。この章の内容はどんな本にも書かれているので、経緯自体はサラリと書きますが、そこから得られる考え方は後の章で頻繁に使うことになるので、そういう部分を強調しながらお話を進めることにします。

光は粒子？　波？

何でもよいので、身の回りのものを思い浮かべてください。それは何でできているでしょう？

もしあなたが石ころや机のような物質を思い浮かべたなら、それをどこまでも小さく砕いていくと、その破片はどんどん小さくなります。その行き着く先が何であれ、破片はどこまでいっても1個2個と数えられます。これは「粒子」です。十分に小さくなった物体は、それを質点と考えてニュートン力学を適用すると非常に精度の高い予言ができるのでした。形のある物体も質点が集まったものと考えればニュートン力学がそのまま使えます。あらゆる物体の挙動がこのように説明できるのだから、この世にある物体は質点とみなせる何物かでできていると考えるのが合理的です。粒子は本質的に質点とみなせて、前の章で説明したような位置や速度の概念を通じて理解できる存在ということです。

もしあなたが音や水面に広がる波紋を思い浮かべたなら、それは「波」です。例えば音は空気の振動です。空気そのものは物質なので質点の集まりですが、その振動である音は、言うなれば空気を構成している質点の位置や速度の分布そのものが本質です。このような存在は一般に空間的にも時間的にも広がっていることが存在意義のようなものなので、分割することにはあまり意味がなくて、1個2個とは数えられません。粒子とは違って、分けると存在そのものが意味をなくしてしまいます。

このように、日常的に目にする現象から類推する限り、身の回りのものはすべて、石ころのように1個2個と数えられて質点のニュートン力学が適用できる「粒子」か、または、音のように何かの媒体の広がりや変化を意味する「波」であるかのどちらかと考えてよいでしょう。

では光はどうでしょう？　何の先入観も持たずに光を眺めて、光そのものが粒子の集まりなのか、それとも、何らかの媒体が変化した「波」なのかを判断するのは難しいと思います。事実、光が粒子の集まりなのか波なのか、という問題は長い論争の歴史があり、多くの議論を巻き起こしつつもなかなか決着がつきませんでした。

古くは、ニュートンが「光は粒子である」と主張していました。彼が根拠に挙げたのは光の直進性です。太陽の光が体に当たると、地面には体の形をした影ができます。これは、光は物体に当たった部分でせき止められ、それ以外の部分はそのまま直進していることを意味しています。ところで、海の波が堤防の端に当たるとその波が堤防を回り込むのはご存じでしょう。これは回(かい)折(せつ)と呼ばれて、波には必ず見られる現象です。もし光が波なら、体に当たった光は回折を起こして体を回り込み、影はもっとぼやっとしてしまうはずだ、というのがニュートンの主張です。それなりの説得力があります。

一方で、ニュートンと同時代のロバート・フックやクリスチャン・ホイヘンスを始め、光が波であるという説も同時に主張されていました。論争は続きますが、19世紀に入り、トーマス・ヤングが光の干渉現象を発見したことで（一応の）決着がつきました。すぐに説明しますが、干渉は波特有の性質で、波以外では起こり得ません。光は波だったのです。この結論が得られるまで、ニュートンの時代から実に１００年。この問題がいかに多くの議論を生んだかがうかがえます。

ちなみに、人間が見ることのできる光（可視光線）の波長は３８０nm（ナノメートル）から7

７０nm程度です（１nmは10億分の１m）。これは日常の感覚からすると大変短い長さです。一般に回折の度合いは波長が長いほど大きくなるため、波長が短い可視光線では大きな回折は起こりません。可視光線ではっきりとした影ができるのはそのためです。ニュートンが光を粒子と思ってしまったのも無理はありません。実際、同じ光であっても、可視光線よりも遥かに波長の長い光である電波はもっと大きく回折します。建物の陰にいても携帯電話が通じるのはそのためです。

波としての光

ヤングが行ったのは「二重スリット実験」と呼ばれる実験です。これは後々大切になるので、少し詳しく説明しましょう。

2ヵ所に隙間（スリット）が開いた長い防波堤に向かって波が打ち寄せているところを想像してみてください。ほとんどの波は防波堤で止まってしまいますが、隙間の部分からは波が抜けます。波は回折によって障害物を回り込む性質があるので、隙間を抜けた波はそこから同心円状に広がります。結果として、防波堤の先では、ふたつの隙間から同心円状に広がった波が重なって独特の模様が形成されます。

この模様が大切です、波には山と谷があります。ふたつの波が合わさったとき、山と山（谷と

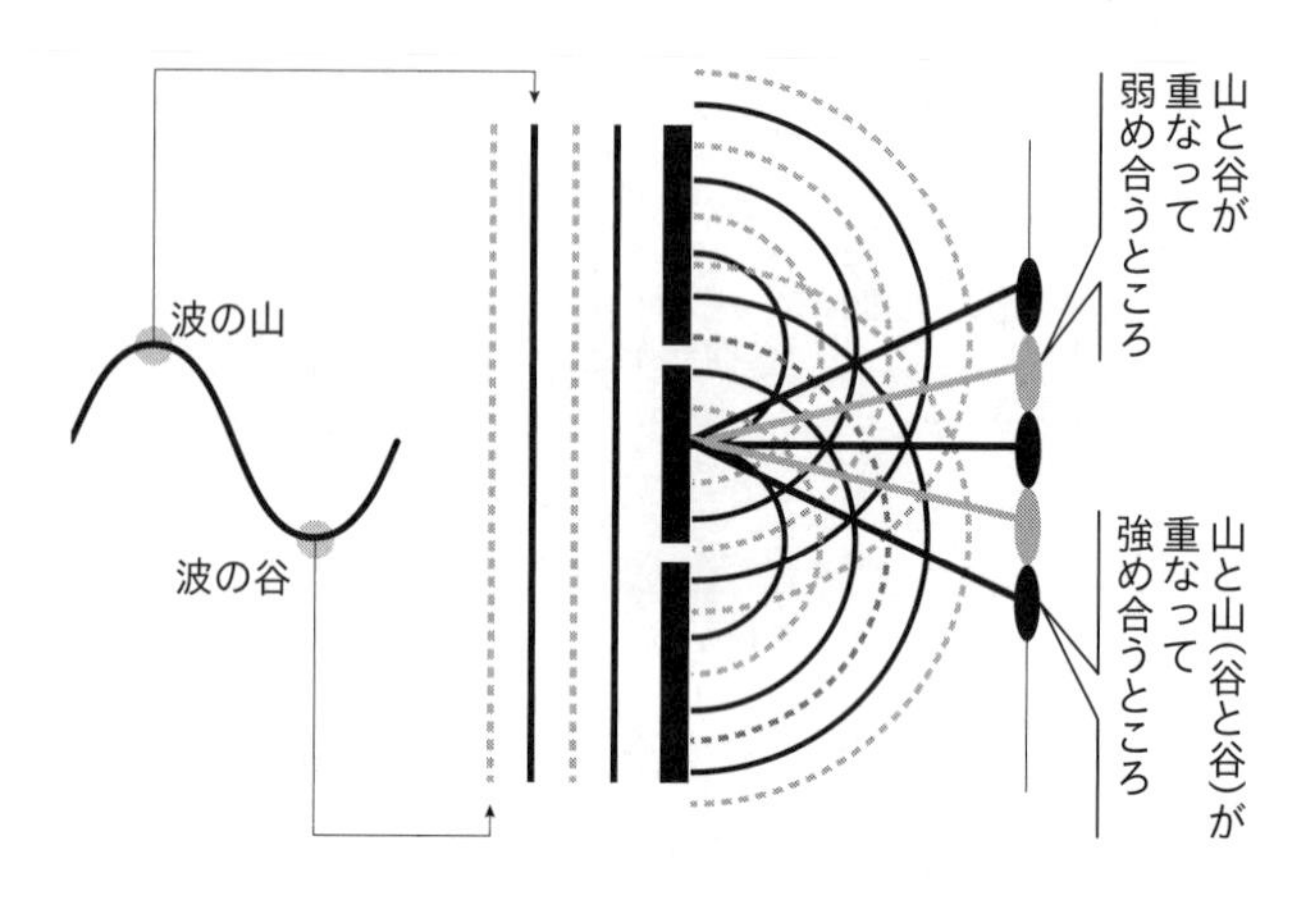

図2-1　波の干渉現象

ふたつの山（谷）が重なり合うと強め合って大きな山（谷）ができ、山と谷が重なり合うと弱め合って波は消える。隙間の向こうでは、波が強まるところと弱まるところが縞模様のように並ぶ

谷）がうまく重なると、互いに強め合って大きな山（谷）ができます。逆に、山と谷が重なり合うと、互いに弱め合って波は消えてしまいます。これが干渉です。ふたつの隙間を通ってやってくる波を防波堤の向こう側で眺めると、両方の隙間から出た山（谷）が同時にぶつかって大きな波が打ち寄せる場所と、山と谷がぶつかって弱め合って凪いでいる場所が縞模様のように交互に並ぶことになります。この縞模様を「干渉パターン」と呼びます（図2−1）。

今度は、同じ防波堤を陸上に移動させて、その隙間に向かって何個も野球ボールを投げたとしましょう。この場合、隙間を通り抜けたボールはそのままその隙間の向こう側に飛んでいくだけなので、防波堤の向こうでは、隙間の延長線上に大量のボールが飛んでいきます。一方、ボールは波と違って回折しないので、それ以外の場所にボールが飛ぶことはほとんどありません。あったとしても、たまたま隙間の縁に当たったボールが大きく跳ね返ったときくらいでしょう。もちろん、ボールが飛んでくる場所と飛んでこない場所が交互に現れる、なんてこともありません。

これはとても面白い状況です。なにしろ、ふたつの隙間が開いた壁に何かを当てれば、干渉パターンが現れるかどうかで、当てたものが波なのか粒子なのか区別できるというのですから。今のターゲットは光です。であれば、隙間の開いた壁を用意して、そこに光を当ててやればよい。これがヤングの行った光の二重スリット実験です。ヤングは、壁の向こうに設置したスクリーン上に明るい場所と暗い場所が交互に並ぶ干渉パターンが生じることを確かめ、光が波であることを見抜いたというわけです。

光の波動性は、１８６４年、ジェームズ・クラーク・マクスウェルが電磁気学を確立したことによって理論的にも支持されました。マクスウェルがまとめた理論は、電場と磁場がお互いにお互いを生み出しながら進む「電磁波」を予言します。そして驚くべきことに、理論的に計算される電磁波のスピードがちょうど光速なのです。これは、光が電場と磁場の波であることを強く示唆しています。マクスウェルの死後、予言通りに電磁波が発生することがハインリヒ・ヘルツによって確かめられ、光が実際に電磁波であることが確認されました。1888年のことです。

このような事情を踏まえて「光は波である」という見方に立つと、光の特性を非常にきれいに説明できます。光を特徴づけるのは「色」と「明るさ」ですが、まず、色は電磁波の波長に対応します。先ほど、人間に見える光の波長が380〜770nmと言いましたが、波長を380nmから少しずつ大きくしていくと、光は、紫から赤に向かって、虹の七色の順番に色を変えます。もちろん、目には見えなくても、赤よりも波長が長い電磁波（赤外線、マイクロ波、電波など）や紫よりも波長の短い電磁波（紫外線、X線、ガンマ線など）もちゃんと存在します。

ちなみに、波長よりも、1秒間に何回振動するかを表す「振動数」の方が便利な場面があるので、この機会に導入しておきましょう。波が1回揺れるということは、1波長分の波が目の前を通過するということです。光は1秒間に30万km進むので、例えば波長が1kmの光（「長波」と呼ばれる電波です）なら1秒間に30万回揺れます。従って、この光の振動数は30万Hz（ヘルツ）です。この説明から、一般的に光速を波長で割った値が振動数になることがわかると思います。波長と振動数はちょうど逆数の関係にあるので、赤い光は波長が長くて振動数が小さく、青い光は波長が短くて振動数が大きくなります。このように、波を表現するために波長を使っても振動数を使っても本質は変わらないので、以後、その場の説明のために便利な方を使います。混乱したときには、波長と振動数が逆数の関係にあることを思い出してください。

続いて明るさです。結論から言うと、明るさは波が運ぶエネルギーに相当します。例えば、黒い紙に光を当てると紙の温度が上がりますが、光が明るければ明るいほど温度上昇は急激です。これは、明るい光ほど大きなエネルギーを持っていることを示しています。電磁気学の立場で見ると、光は電場と磁場が大きさを変化させながら伝搬する波だったわけですが、マクスウェルの理論を使うと、こうして揺れ動く電場と磁場の変化幅（振幅）が波のエネルギーに相当することがわかります。ざっくりまとめるなら、【明るさ】＝【エネルギー】＝【電場と磁場の振幅】です。

このように、光が波であるという説は実験的にも理論的にもサポートされています。さらに言うなら、光の波動性は日常生活のあちこちに顔を覗かせています。例えば、水たまりに浮いている油膜が虹色に光っているのを見たことがあると思いますが、これも光の干渉現象の結果です。油膜の浮いた水面に光が当たると、その光は油膜の表面と油膜の下にある水面の2ヵ所で反射します。これがちょうど二重スリットと同じ役割を果たし、特定の角度で波の強め合いが起こります。太陽光線にはさまざまな波長の光が含まれており、波長ごとに強め合いが起こる角度が変わるため、反射光が虹色に見えるというわけです。

物体から出る光の謎

これで話が終わりなら幸せだったのですが、残念ながら自然界はそれほど単純にはできていませんでした。光が波であるという前提では説明できない現象が見つかったのです。

最初の例は、物体から出る光です。温度を持つ物体は例外なく光ります。人間をサーモグラフィー（赤外線カメラ）で見ると暗闇でもはっきりと姿が見えるのは、体温を持つ人間が赤外線を発しているからです。鉄を熱していくと、だんだんと鈍い赤色を帯びて赤熱し、しまいには白く光るのもその一例です。ある温度の物体がどんな振動数の光をどのくらいの明るさで放出しているかを「スペクトル」と言いますが、これは容易に測ることができて、図2－2のような山なりのカーブを描きます。そして、すぐに説明するように、光が波であることを前提にすると、どうして物体から出る光がこんな形のスペクトルになるのか説明できないのです。

温度というのは、その物体の構成要素が持つ平均的なエネルギーを表す指標です。そして、意外に感じるかもしれませんが、物体から光が出るということは、物体の内部には光が満ちているということです。その仕組みは後ほど必要な知識が揃ってから説明しますが、その仕組みがなんであれ、光と物質がお互いにエネルギーのやりとりをしながら、バランスの取れた状態を維持していることだけは間違いありません。さもなければ、エネルギーの密度が偏って均衡が崩れてしまうからです。ということは、物体に満ちている光の平均エネルギーは、物体の構成要素が持つ平均エネルギーに等しいはず。光のスペクトルとは「どのくらいの波長の光がどのくらいの強度で放出されているか」なので、温度を持つ物体から出る光のスペクトルは「一定量のエネルギーがどの波長の光にどのくらいの割合で分配されているか」で決まります。

一見難しそうに思えますが、実はこれ、統計力学の初等的な問題です。統計力学の大枠は19世紀に完成していて、現在では大学1～2年生程度で勉強します。

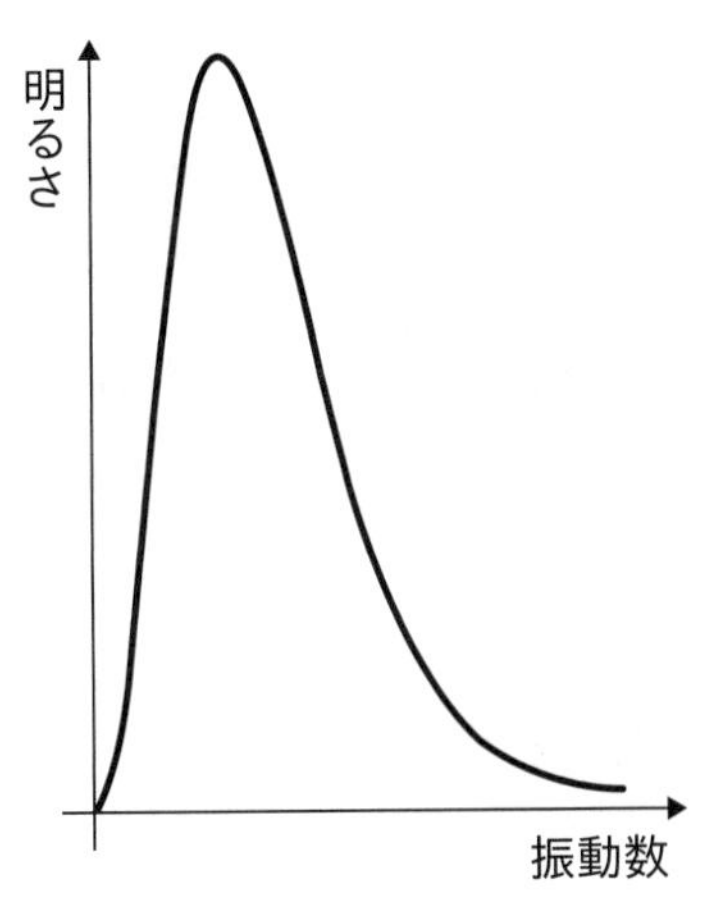

図2-2　物体から出る光のスペクトル
ある温度の物体がどんな振動数の光をどのくらいの明るさで放出しているかを示している

統計力学は物理のあらゆる場面に顔を出す奥深い内容を含んでいますが、基本的な考え方は極めてシンプル。「可能な状態はすべて等しい確率で起こる」という、「等重率の原理」と呼ばれる作業仮説がその出発点です。あくまでイメージですが、地面に同じ形の穴がたくさん空いていて、そこに目隠しをして石を投げ込むと思ってください。穴のひとつひとつが「可能な状態」、石

図2-3　等重率の原理のイメージ
穴が密集している領域には石は何度も落ち、穴がまばらな領域には石はなかなか落ちない

が落ちた穴が「実際に起こる現象」の見立てです。この場合、穴に特別な区別がなければ、どの穴にも等しい確率で石が落ちると考えてよいはずです。これが等重率の原理です。石を何度も投げると、穴が密集している領域には何度も石が落ちますし、穴がまばらな領域には石はなかなか落ちません（図2−3）。統計力学もこれと同じで、多くの物事が絡む統計現象では、可能性の密度が高い現象が重点的に実現されます。

さて、私たちは今、光が波だと知っています。ということは、「可能な状態」とは「物体内部に存在し続けられる波」です。これはどんな波で、その中で可能性が多いのはどんな波でしょう？　後で似た状況に出会うので、準備も兼ねて詳しく考えてみ

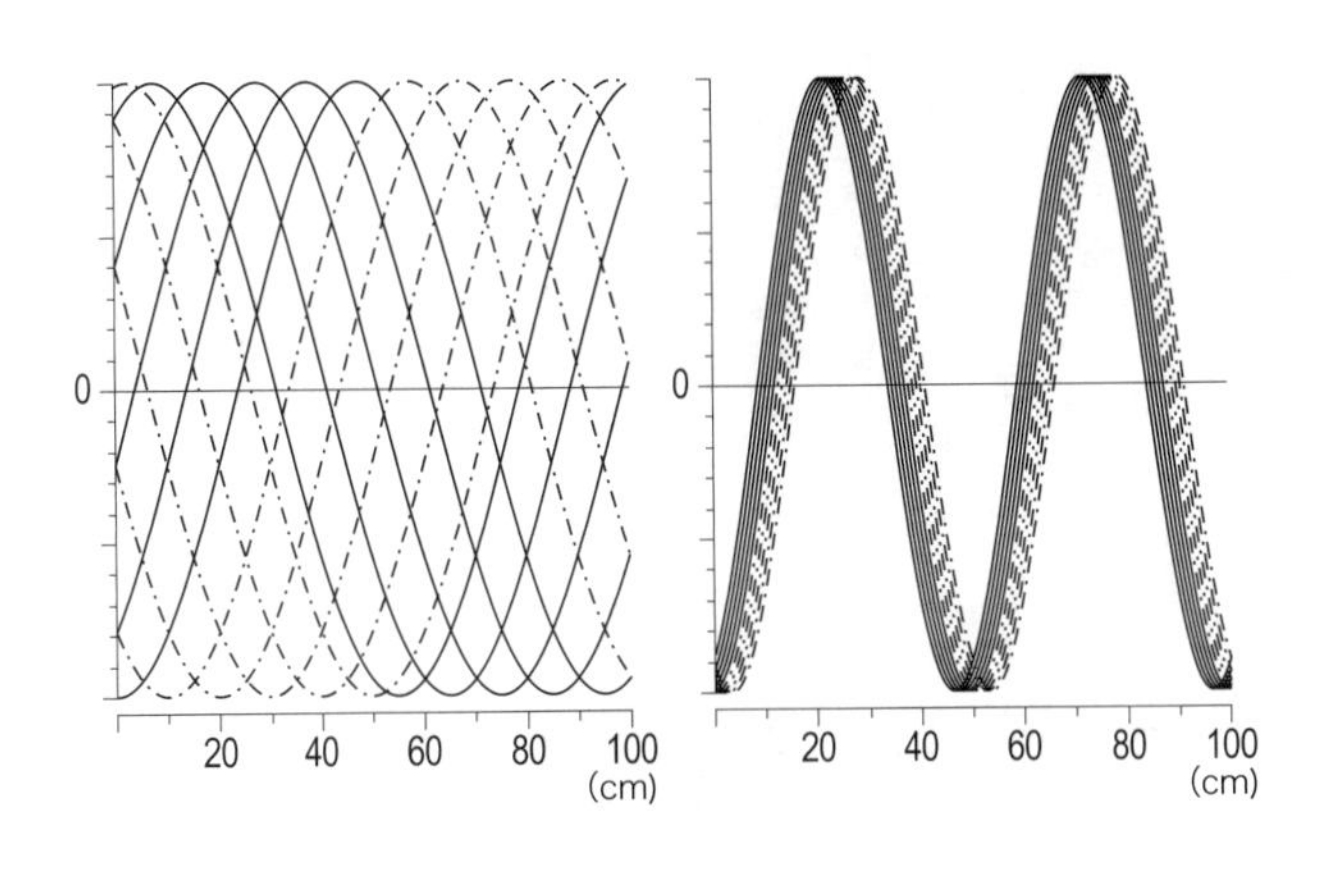

図2-4　長さ100cmの物体の中の波
左は波長95cm、右は波長50cm。実線と破線は、それぞれ、右向き、左向きに進む波を表す

ましょう。

　物体内を光の波が進んでいる様子を思い浮かべてください。その波は物体の端で跳ね返って逆方向に進み、また逆の端で跳ね返って方向転換をし……というふうに、物体の中では、右方向に進む波と左方向に進む波が同時存在します。

　仮に、物体の長さを１００cmとしましょう。例えば、この物体の内部に波長95cmの波は永続的に存在できるでしょうか？　これは描いてみればすぐにわかります。図２－４の左側がその様子です。左側を出た波（実線）が右端で跳ね返り（破線）……というように、右に進む波を実線、左に進む波を破線で表し、５往復する様子を描きました。見ての通り、物体の中には、少しずつずれた波が無数に重なり合います。このような波は干渉して消えてしまいます。長さ100cmの物体中には波長95cmの波は永続的には存在できません。

では、どんな波なら消えずに残るでしょう？　波長95cmの波が消えてしまったのは、戻ってきた波と最初の波がずれていたからです。ということは、戻ってきた波が最初の波とピタリと重なればよいはずです。図2‐4の右側に波長が50cmのときの様子を描きました。見やすくするために少しだけずらして描いていますが、実際にはピタリと重なっています。これなら消える心配はありません。同じように、物体1往復の中に整数個の波が入っていれば、その波は消えずに残ります。今の場合、物体1往復は200cmなので、【200÷整数】cmという飛び飛びの波長を持つ波が「物体内部に存在し続けられる波」です。これはとても普遍的な現象で、有限の長さの場所に波が閉じ込められると、そこに存在する波は波長が飛び飛びになります。これは後で使いますから、頭の片隅にとどめておいてください。

さて、長さ100cmの物体内部に存在できる光の波長は【200÷整数】cmだとわかりました。【整数】を大きくしていくとこの値はどんどん小さくなるので、波長が短い領域には「存在できる波」が大量にひしめいています。例えば、この条件を満たす波は、波長が8.0±0.5cmの中には3個しかありませんが、4.0±0.5cmの中には13個もあります。等重率の原理に従うなら、あらゆる可能な状態は等しい確率で実現されますから、波長4.0cm周辺の波は波長8.0cm周辺の波よりも4

倍以上の確率で実現されやすいことになります。もちろん、この傾向は波長が短くなればなるほど顕著です。結果、波長の短い光ほど実現される確率が高くなり、物体からは波長が短い光ほど強く（明るく）放出されるはず、というのが素直な結論になります。実際の物体は3次元に分布しているのでもう少し複雑ですが、本質は一緒です。この（現実とは違う）スペクトルは、最初に計算した人の名前を取ってレイリー・ジーンズのスペクトルと呼ばれます。

もちろんこれは現実に観測されるスペクトル（図2-2）とは違います。波長の短い光というのは紫外線やX線、ガンマ線です。人間の体からガンマ線がビシビシ出ていたら危なっかしくてたまりません。実際に人体から放出される光は赤外線が中心ですから、何かが間違っているはずです。ところが、今の議論で前提にしたのは、さまざまな物理現象を説明してきた実績を持つ統計力学の基本原理と、光が波であるという観測事実のみ。間違いようがないのです。この問題は、19世紀の物理学者たちにとって、喉に刺さった魚の小骨のような違和感として引っかかり続けていたのでした。

物体から出る電子の謎

光の波動性に疑問を投げかけるもうひとつの例は、光が物体に当たったときに電子が飛び出す、いわゆる「光電効果」です。光電効果の理屈自体は簡単です。すべての物体は原子核と電子でできていて、電子は原子核にまとわりつくように分布していますが、電子は軽いので、光が当たるとその一部が原子からはじき出されてしまうのです。もう少しちゃんと言うなら、光が持つエネルギーを電子が吸収して運動エネルギーを獲得し、原子核の束縛を振り切って飛び出した、ということです[※1]。当然の結論として、当てる光のエネルギーが大きいほど飛び出す電子のエネルギーも大きくなるはずです。マクスウェルの理論によると光は電磁波で、電磁波のエネルギーは電場と磁場の振幅で決まっていて、これは光の明るさに対応するのでした。であれば、振動数とは関係なく、当てる光が明るいほど勢いよく電子が飛び出すだろう、というのが光の波動性から導き出される素直な結論です。

ところが現実はそうはなりません。図2-5は、光電効果で飛び出す電子の（最大）エネルギーを測定した結果です。左図の横軸は光の明るさ、右図の横軸は光の振動数です。先ほどの予想が正しければ、左図は右肩上がり、右図は平らなグラフになるはずですが、実際は真逆で、振動数を大きくすると電子のエネルギーが大きくなり、光の明るさを変えても電子のエネルギーは変わらず、その代わりに飛び出す電子の個数が増えます。先述の通り、電磁波のエネルギーに振動数が関わる余地はありませんし、何より、明るさを上げて電磁波のエネルギーを大きくしているのに飛び出す

※1　よく間違えられるのでコメントしておきますが、光電効果で飛び出す電子は自由電子ではありません。原子核のまわりを回る束縛電子です。

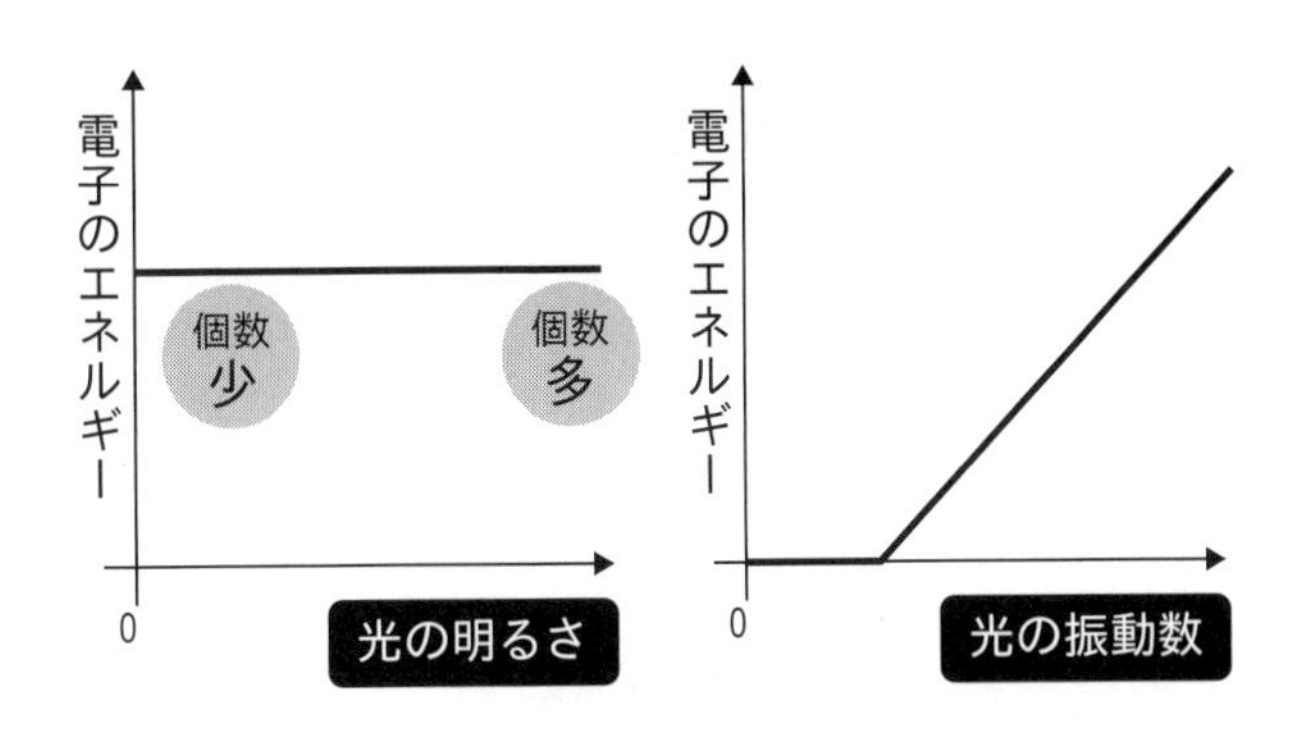

図2-5　光電効果で飛び出す電子のエネルギーと当てる光の明るさ（左）、振動数（右）の関係
光の波動性を前提とした予想とは真逆の結果となる

電子のエネルギーが変わらないというのは「わけがわからない」の一言につきます。

　ここで紹介したふたつの例は、「光が波である」という実験事実を前提にすると説明できない自然現象です。これは非常に困ったことです。自然科学というのは、最低限の仮定から出発してステップ・バイ・ステップで自然現象を説明することを目指します。19世紀後半には、光が波であるという前提で完璧に説明できる自然現象の例が大量に積み上がっていました。このような状況ですから、「光は波である」というのは、もはや議論の大前提と言ってよいでしょう。そんな中で、同じ原理から説明できない現象が見つかったということは、それまで積み上げられてきた説明もまた危うい可能性があることを意味しています。2011年、ニュートリノのスピードが光速を超えたかもしれないというニュースが流れました。結局実験ミスでしたが、これもまた、十分に確立したはずの「光速度不変の原理」を揺るがしかねないからこそ大騒ぎになったのです。丁寧に積み上げてきたものを変更するのはとても大変なことなのです。

プランクの一撃

科学者というのは基本的に保守的です。矛盾点が見つかったとしても、まずは、これまで積み上げてきたものをできる限り壊さないような解決法を探ります。19世紀が終わろうとしている1900年の年末、高温の物体から出る光のスペクトルを説明するためにマックス・プランクが提示したアイディアはまさにそういうものでした。

プランクのアイディアを理解するために、物体から出る光のスペクトルの問題点をもう一度整理しましょう。現実の物体から出る光のスペクトルは、図2-2のように途中にピークを持つ曲線になります。ところが、物体という有限の大きさを持った領域に閉じ込められた光は、振動数の大きな光ほど高密度に存在するのでした。だとすると、「エネルギーはあらゆる可能性に等しく割り振られる」という統計力学の基本原理に従う限り、存在密度が大きい、振動数の大きな光ほど強く放出されるはずで、現実のスペクトルを説明できないというのが問題なのでした。
プランクはこれを解決するために、統計力学の基本原理には変更を加えず、その代わり、振動数の大きな波が実現される場合の数が小さくなる仕組みが隠れているのだろうと考えました。プランクのアイディアはこうです。

> 何らかの理由で、振動数ν［Hz］を持つ光は振動数に比例した$h\nu$［J］というまとまりでしか物質とエネルギーのやりとりができないのだろう。

ただし、［J］は「ジュール」と呼ばれる物理では標準的なエネルギーの単位です。質量1kgの物体を地上で約10cm持ち上げるのに必要なエネルギーが概ね1Jなので、数ジュールというのはごく日常的に目にする規模のエネルギーです。それに対して、ここで登場した比例係数hは、約6.6×10^{-34}J·sというとてつもなく小さな値を持つ定数で、考案者の名前をとって「プランク定数」と呼ばれます。この仮説にも考案者にちなんだ名前がついていて、今では「プランクの量子仮説」と呼ばれています。

この仮説を採用すると、エネルギーの最小単位が【プランク定数×振動数】なので、大きな振動数の光ほど大きなまとまりでエネルギーのやりとりをすることになります。この条件下で一定量のエネルギーを色々な振動数の光に分配しようとすると、振動数の大きな光の割合が減ります。これは、買い物をするときに、高額の硬貨や紙幣は少量しか使えないのと同じ原理です。例えば100円の買い物をするときの可能な支払い方をリストアップしてみると、「100円玉1枚」、「50円玉2枚」、「50円玉1枚+10円玉5枚」……というように、高額の硬貨が登場するチャンスはどうしても少なくなります。プランクの量子仮説もこれと同じ効果を生みます。大きな振動数の光は「エネルギー単位」が大きいため、一定量のエネルギーを確保するために使える大きな振動数の波の割合は小さくなります。一方で、振動数が大きいほど波の存在密度が高くなるのも確かなので、このふたつの要素がバランスして、程よい振動数のところにスペクトルのピークが現れ、現実のスペクトルを説明できるだろう、というのがプランクのアイディアの骨子です。

実際、この仮定を課した上で統計力学の計算をやり直すと、その計算結果は現実のスペクトルにピタリと一致します。等重率の原理と光が波であるという事実は維持したままで、最低限の仮定を加えるだけで現実の説明に成功したわけです。

アインシュタインの追撃

残された問題は、プランクの量子仮説の背後にある「何らかの理由」の正体です。この理由を見抜いたのが、かのアルバート・アインシュタインです。アインシュタインは、光電効果の矛盾を解決するためにプランクよりもさらに踏み込んで次のような仮説を立てました。そして、この仮説こそが人類を「量子」の世界へと誘う（いざな）ことになりました。

振動数ν［Hz］の光は、波であると同時に、運動エネルギーhν［J］を持つ粒子（光子）の集まりでもある。

ここで敢えて「でも」を強調したのは、この仮説が、光が波であることを否定しているわけではないことを強調したかったからです。あくまで「粒子とも波とも見ることができる」というのがこの仮説のエッセンスです。「光量子仮説」の名前で呼ばれるこの仮説を前提にすると、あれほどわけのわからなかった光電効果が極めて自然な形で理解できます。

まず、光電効果で電子にエネルギーを供給するのは光を構成する粒子である光子だと仮定すると、そのエネルギーは波として見たときの振動数に比例するので、振動数が大きくなるほど電子には大きなエネルギーが供給されて、そのエネルギーは直線的に大きくなるはずです。これは図２－５（53ページ）の右図の結果にピタリと一致します。

また、この仮説を前提にすると、明るい光とは大量の光子を含んだ光、ということになります。例えば、先ほど登場した振動数30万Hzの光を構成する光子１個は５００兆分の１のさらに10兆分の１Jという極小のエネルギーしか持ちませんが、塵も積もれば山となるで、たくさんの光子が集まれば全体としては大きなエネルギーになります。光の明るさがエネルギーに相当することを考えると、振動数を変えないまま光を明るくするということは、光子が持つ1個1個のエネルギーは変えることなく、光子の個数を増やすことに相当することがわかります。ということは、物体に当てる光の振動数を変えずに明るさだけを増やしたとすると、光子のエネルギーが変わらないので飛び出す電子のエネルギーは変わらない代わりに、当たる光子の数が増えるので飛び出す電子の数は増えるはずです。これは、図2-5の左図の結果にピタリと一致します。

さらに、光量子仮説を仮定すると、光が$h\nu$［J］という単位でしかエネルギーのやりとりができないというプランクの量子仮説は必然的に成り立つので、物体から出る光のスペクトルの問題も同様に解決します。ですが、光が波であることが否定されたわけではないので、これまで積み上げられてきた説明も本質的にそのままでOKです。

このように、光が波動性と粒子性の両方を備えることを前提にして初めて、観測される自然現象を首尾一貫して説明できるようになります。光（光子）のように、波の性質を持ちながら1個2個と数えられるような存在を、今日では「量子」と呼びます。「光は粒子か波か問題」は、粒子でも波でもなく量子である、という予想外の結論を迎えたことになります。なお、アインシュタインは、有名な相対性理論ではなく、光量子仮説を通じて光電効果を説明したこの業績によってノーベル物理学賞を受賞しています。

光量子仮説は、現象を説明するという意味ではエレガントですが、反面、その意味するところは奇妙です。なにしろ、「光の姿」を思い浮かべようとしたときに、粒子が飛んでいるような描写も、何かが波打っているような描写も、共に正しく、共に間違いだというのですから。ひょっとすると、水分子がたくさん集まってできた海の水が波を作るように、光の波は、大量の光子が集団運動して作られた波のことかな？　と思う人がいるかもしれませんが、これは勘違いです。なぜなら、光は光子1個だけでも波の性質を示すからです。目の前に野球ボールを1個置いて、これは波のようにあらゆる場所に広がっているのだ、などと言ったら正気を疑われますが、光子は1個の粒子であるにもかかわらずあらゆる場所に広がる波でもある、というのが光量子仮説の内容です。これを奇妙と言わずして何を奇妙と言うでしょう。

もっとも、これがもし光だけの特別な事情だったなら、「光は変なものだな～」というだけで終わっていたのかもしれませんが、現実は甘くありません。光に限らず、物質を含めたあらゆる存在が量子だったのです。このことが明らかになった経緯は、後々、量子を納得するための大切なステップです。この章の残りで、そんな物質サイドの歴史を振り返ることにしましょう。

粒子としての電子

「すべてのものは原子でできている」。この認識に到達することによって、人類の自然界への理解は飛躍的に高まりました。事実、原子の知識さえあれば、身の回りの出来事の大半をシンプルに説明できます。例えば、私たちが体温を保ち、毎日元気に生きていけるのは体内で起こる無数の化学反応のおかげですが、こうした化学反応が系統的に理解できるようになったのは、物質の構成要素が原子であるという理解に到達してからのことです。原子の英語名である〝atom〟の語源は「分割できないもの」を意味するギリシャ語〝atomos〟ですが、このような事情を考えるとうなずける話です。

ですが、原子が最小の構成要素であると思われた時代は19世紀には終わりを迎えました。私見ですが、1869年、ドミトリ・メンデレーエフによって「原子を軽い順番に並べると、似た性質を持つ原子が周期的に現れる」という規則が見いだされたことが大きな転換点だったように思います。いわゆる元素周期表の発見です。原子にパターンがあるということは、原子が「分割できないもの」などではなく、その内部にまだ見ぬ構造が隠れていることを強く示唆するからです。これは、1897年、ジョセフ・ジョン・トムソンが電子を発見したことから始まる一連の進展によってはっきりと像を結びました。原子は、マイナス電荷を持った電子と、プラス電荷を持った何物かが集まってできた複合粒子だったのです。この電子がこの章の残りの主役になります。

電子が発見された経緯も示唆的なので、少し詳しく振り返りましょう。トムソンは、いわゆる「陰極線」の正体として電子を発見しました。真空状態にしたガラス管の中にプラス極とマイナス極を置いて高電圧をかけると、両極の間に当時としては正体不明のビームが飛びます。これが陰極線です。陰極線の存在自体は古くから知られていましたが、光と同様、それが波なのか粒子なのかは説が分かれていました。トムソンは、陰極線に磁場や電場をかけると曲がることを実験ではっきりと示し、陰極線がマイナス電荷を持った粒子の集まりと考えればその挙動が完璧に説明できることを示したのです。

ところで、陰極線の挙動から読み取れるのは、電子に電磁気力が働いたときにどのくらい曲がるかです。そこには電子が持つ電荷（電磁場に反応する強さ）と質量（物体の加速されにくさ）の両方が同時に関与するため、トムソンに読み取れたのは電子の電荷と質量の比だけです。そしてなにより、トムソンは陰極線に含まれる電子の個数を数えていません。厳しい言い方をするなら、陰極線が粒子でできていることを示す根拠としては間接的です。ですがその後、ロバート・ミリカンによって電子１個の電荷が直接測定されました。これはかなり決定的で、電子が間違いなく１個２個と数えられる粒子であることを直接示しています。そして、トムソンとミリカンの結果を合わせると、電子の質量が水素原子の1800分の1というとてつもなく小さい値であることもわかります。こうなるともはや疑う余地なしです。陰極線は、マイナス電荷を持つ粒子の流れと考えるのが最も合理的です。これが電子の発見です。今では当たり前と思われている「電子」の存在も、観測結果を合理的に説明する、という丁寧なプロセスを積み重ねることで定着したのです。

原子のジレンマ

話を原子に戻しましょう。原子の中には電子がいますが、その質量はとてつもなく小さい値です。そして、原子自体は電気的には中性です。ということは、原子の質量のほとんどは「プラス電荷を持った何物か」が占めていることになります。これはどんな構造をしていて、その中に電子はどのように配置されているのでしょう?

これに答えを与えたのは、トムソンの弟子で原子核物理学の父と呼ばれる物理学者、アーネスト・ラザフォードです。ラザフォードが注目したのは、ラジウムから出る放射線、アルファ線です。アルファ線はプラス電荷を持った重たい粒子線(現在ではヘリウムの原子核とわかっています)なので、原子の近くを通ると、軽い電子にはほとんど影響されず、原子の質量のほとんどを占める「プラス電荷を持った何物か」に反発されてその軌道がぶれるはずです。そのぶれ方を逆算すれば、その「何物か」がどんな形をしているかわかります。

そこでラザフォードは、金の薄膜にアルファ線を当てて、アルファ線がどんな角度で跳ね返るかを調べる実験を行いました。その結果、ほとんどのアルファ線がまるですり抜けるように薄膜の後ろ側に到達する中、まれに、大きな角度で跳ね返るものがあることがわかりました。これは、「プラスの電荷を持った何物か」が点状の「核」を形成しているときに特有の現象です。とすると、マイナス電荷を持つ電子はその核のまわりを回転しているはず。今日多くの人が思い描く太陽系のような原子のイメージはこうして誕生しました。

さて、話はこれからです。こうして明らかになった原子の構造、実は、電磁気学の立場から見るとあり得ないのです。

ポイントは、電荷を持つ粒子（荷電粒子）である電子が原子核のまわりを回っている点です。電磁気学の詳細を語る余裕がないので少々天下り的になりますが、荷電粒子からは、ウニのとげのように電場が湧き出しています。放射状に伸びた何本ものゴム紐に固定されたボールを想像するとよいでしょう（図2-6）。そんな状態のボール（荷電粒子）をグルグルと振り回すと、まわりのゴム紐（電場）も一緒に振動します。結果、ボール（荷電粒子）が持つ運動エネルギーはゴム紐（電場）の振動として外に運び出されて、ボールはあっという間に止まってしまいます。荷

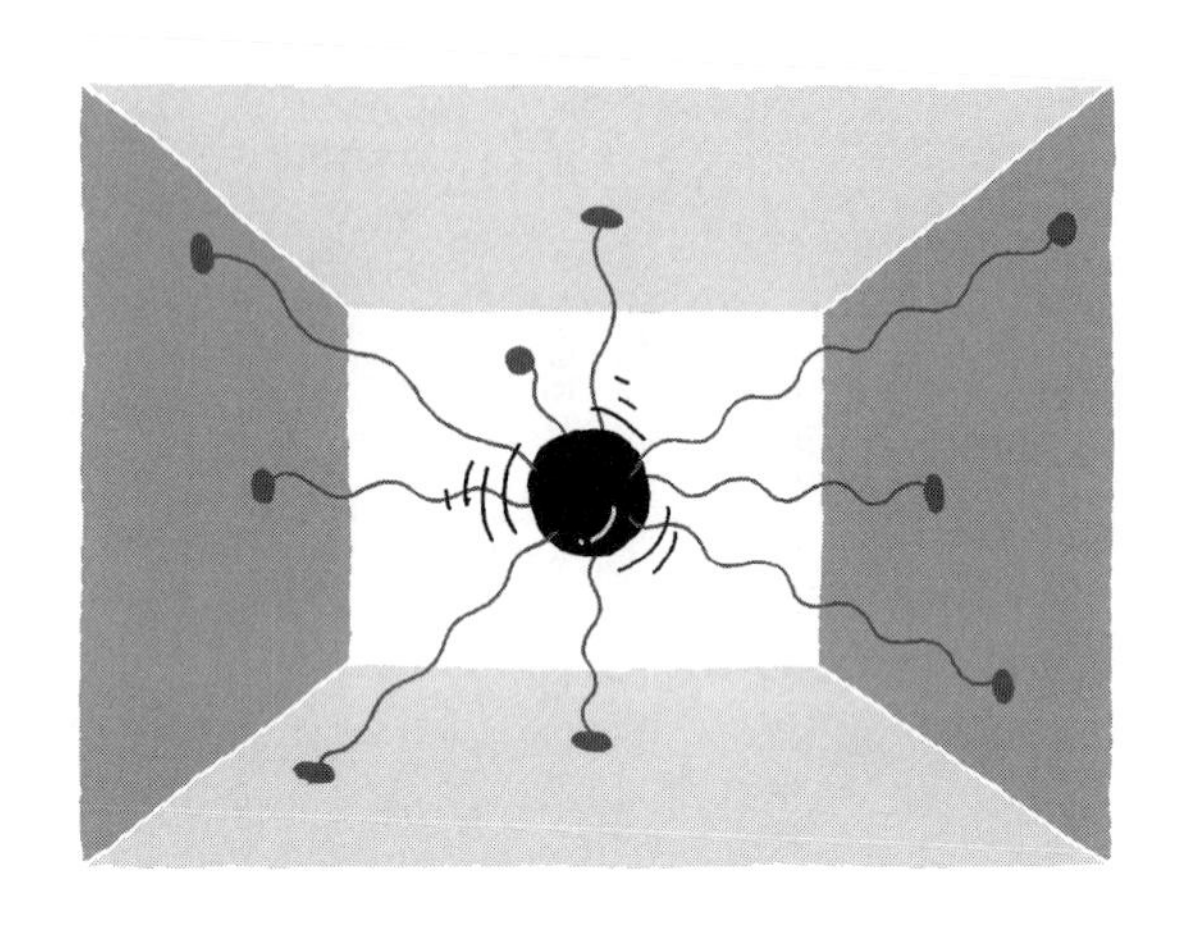

図2-6　荷電粒子と電場

荷電粒子を何本ものゴム紐に固定されたボールと考える。ボール（荷電粒子）を振り回すと、まわりのゴム紐（電場）も振動する

電粒子には、加速運動に対して抵抗力が働く、と言ってもよいでしょう。

電場の振動はすなわち電磁波（光）です。つまり、荷電粒子である電子が原子核のまわりを回っていたとしても、即座に電磁波（光）が放出されて回転が止まり、電子が原子核に衝突して、ラザフォードが実験的に見いだした原子の形を保てなくなってしまうはずです。「原子核のまわりを荷電粒子である電子が回っている」というのは、それ自体があり得ないのです。

余談ですが、「電荷を振動させると電磁波が発生する」というこの現象は、46ページに登場した「温度を持つ物体は光る」という現象の背後にも隠れています。物体が温度を持つということは、その構成要素である原子が振動するということです。原子が揺れるとき、当然、電荷を持つ原子核や電子も揺れています。この振動によって発生する電磁波が物体から出る光の正体です。他にも、携帯電話から発する電波も回路の中で電子を振動させることで発生させています。このように、普段はなかなか意識しませんが、振動する電荷から光が出るという現象は非常にありふれたものです。こうした現象に意識を向けると、「原子核のまわりを電子が回っている」という構造がどれほど異常事態かを実感できると思います。

電子よ、お前もか！

さて、困ったことになりました。「あり得ないなら間違っているんでしょ？」と言えれば楽ですが、ラザフォードの実験は原子の中心に点状の核があることを示しています。となれば、同じく観測事実である「電子は軽くてマイナス電荷を持つ粒子である」という事情と合わせると、電子はプラス電荷に引きつけられて原子核のまわりを回っていると結論せざるを得ません。あちらを立てればこちらが立たず。またもや袋小路にぶつかってしまいました。

伝統的な説明では、ここで量子力学の父、ニールス・ボーアが登場する場面ですが、この本では説明の都合を優先し、ボーアよりも先に、フランス人物理学者、ルイ・ド・ブロイにご登場願いましょう。

ド・ブロイが注目したのは、アインシュタインの光量子仮説です。光はずっと波だと思われていましたが、1個2個と数えられる粒子の特性を併せ持つと仮定することで、光電効果を始めとする諸現象が合理的に説明できるようになったのでした。ド・ブロイの発想はこの逆です。ド・ブロイは、これまで粒子だと思われていた電子が、実は波動性を併せ持っていてもおかしくないのではないか、と考え、現在では「ド・ブロイの物質波仮説」と呼ばれる次のような仮説を提唱しました。

運動量 p〔kg・m/s〕を持つ粒子は、波長が h/p〔m〕の波でもある。

ここで、運動量というのは質量と速度の積で、h は光のところでも登場したプランク定数です。

電子が粒子だとすると、地球を回る人工衛星と同様、電子は原子核を中心としたどんな半径の円軌道（正確には楕円軌道）でも描けますが、原子核のまわりを回る電子が波だとすると状況は劇的に変わり、飛び飛びの半径の軌道しか描けなくなります。これによってさまざまな矛盾が解決するのですが、まずは、電子が波だとするとどうして軌道が飛び飛びになるのかを理解しましょう。

電子が波だとすると、原子核のまわりを回る電子は49ページ（図2-4）で説明した物体内部の光と同じような状況になります。あのときは、物体の中を1往復して戻ってきた波が元の波とぴったり重ならない限り、少しずつずれた無数の波が干渉して消えてしまったのでした。今の場合、電子の波は原子核のまわりを1周回って戻ってくるので、1周してきた波が自分自身とぴったり重ならない限りその波は消えてしまいます。ということは、電子波が永続的に存在できるためには、電子の通り道（軌道）の長さは、波長1個分、波長2個分……というように波長の整数倍になっていなければいけません。

軌道の長さが長いということは、その分だけ原子核から離れたところを回っているということです。軌道の長さが波長の整数倍で飛び飛びになっているので、電子の回転半径もまた飛び飛びになります。ところで、電子は常に原子核に引っ張られているので、電子が原子核から離れるためにはそれだけ多くのエネルギーが必要です。つまり、回転半径が大きな電子ほど大きなエネルギーを持つことになり、結果として、原子核のまわりを回る電子のエネルギーも飛び飛びになります。これが、電子が波と考えたことから得られる結論です。

これによって、まず、現実の原子が壊れない理由を定性的に説明できます。ポイントは、エネルギーが飛び飛びになったために、原子核のまわりを回る電子には「最低のエネルギーを持った軌道」が存在する点です。電子が電磁波を放出するとその電子はエネルギーを失います。逆の言い方をするなら、「エネルギーを失った電子」にちゃんと居場所があるからこそ、その電子は安

図2-7　水銀原子から出る光（上）と太陽光（下）のスペクトル
原子を刺激したときに出る光のスペクトルは、上のように飛び飛びになる

心して（？）電磁波を放出できるのです。

　電子が最低エネルギー軌道を回っていたとしましょう。その電子が、電磁波を放出してエネルギーを失おうとしても、原子核のまわりにはそれ以上小さなエネルギーを持つ電子が存在できないので、放出した後の電子にはもはや居場所がありません。電磁波を出そうにも出せないのです。結果として、最低エネルギー軌道を回る電子は安定して原子核のまわりを回ることができる、というわけです。

　恩恵はこれだけではありません。19世紀に残された謎のひとつ、「原子から出る光の離散スペクトル」も解決できてしまいます。

　一例として蛍光灯を挙げましょう。蛍光灯のガラス管の中には水銀蒸気が封入されていて、両側に高電圧をかけて電子を飛ばすと

（陰極線と同じ原理ですね）、その電子に刺激されて水銀が発光します。水銀原子からは可視光線も出ますが、実は、その光には紫外線が多く含まれています。ガラス管には紫外線が当たると白い光が出る性質を持つ蛍光物質が塗られており、そのためにガラス管が白く光るのです。結果、蛍光灯の光には、蛍光物質が出す光と水銀原子が出す光が混ざっています。

問題は、この中の「水銀原子が出す光」です。蛍光塗料を塗っていない水銀ランプの光は、図2－7上図のような飛び飛びのスペクトルを示します。実は、水銀に限らず、原子を刺激したときに出る光のスペクトルは必ずこのように飛び飛びになるのですが、19世紀までの物理学ではその理由が全く理解できませんでした。これが「原子から出る光の離散スペクトル」の謎です。

ところが、電子が波で光が粒子（光子）であると考えればこれは不思議ではなくなります。まず、電子が波なら、電子はその軌道ごとに飛び飛びのエネルギーを持って原子核のまわりを回るしかないのでした。自然界は基本的にエネルギーの小さい状態に移行する傾向があるので※2、エネルギーの大きな軌道を回る「興奮した電子」は、エネルギーの小さな軌道に飛び移ってエネルギー的に落ち着こうとします。このとき、電子は余分なエネルギーを捨てなければいけません。光電効果の説明のときに見たように、電子は光子を吸収する能力を持っています。ということは、逆に電子は光子を放出することもできるはずで、余分なエネルギーを運び出すのはこの光子と考え

※2　少し知識のある人向けのコメントになりますが、これはエントロピー増大則のためです。

るのが自然です。電子が持つエネルギーは飛び飛びなので、その差分に相当する光子のエネルギーもまた必然的に飛び飛びになります。光子のエネルギーは振動数に比例するので、結果として、原子から出る光の振動数が飛び飛びになり、飛び飛びのスペクトルが現れる、というカラクリです。

なお、歴史的な順序で言うと、電子はあくまでニュートン力学に従う粒子と考えながらも、「原子核を回る電子は長さが h/p［m］の整数倍であるような飛び飛びの円軌道を回るべし」という条件（ボーアの量子化条件）を課し、実際に観測される水素原子のスペクトルを見事に再現してみせたのが、先ほど名前だけ登場したボーアです。アインシュタインの光量子仮説がプランクの量子仮説の意味を明らかにしたのと同じように、ド・ブロイの物質波仮説がボーアの量子化条件に意味づけを与えたというのが歴史の順番です。

物質波仮説が発表されてまもなく、電子線を結晶に当てる実験によって、電子が干渉現象を起こすことがはっきりしました。干渉は波に特有の現象です。電子は本当に波だったのです。これは電子に限りません。その後、原子核の構成要素である陽子や中性子にも波動性があることが確かめられ、光も物質も、この世界を構成するすべての存在が、1個2個と数えられる粒子であると同時に波動性を併せ持つ「量子」であることが明らかになりました。

幻想の消滅

さあ、困ったことになりました。感覚から類推する限り、身の回りのものはすべて、突き詰めれば粒子か波のどちらかに辿り着くのは間違いありません。だからこそ、「ものは何からできているのだろう？」という究極的な問いを考えるときにも、「もの」の根本が粒子か波のどちらかであることが大前提だったのです。「光は粒子か波か」という問いが問いになり得たこと自体がそれを物語っています。

ところが、この章で見てきたように、光を単純な波だと考えたり、電子を単純な粒子だと考えたりすると、自然現象の説明が破綻してしまいます。これは、光や電子のような存在が五感を通じて培われた概念では表現しきれないことを意味しています。「世界は見えている通りである」という幻想が本当の意味で消滅したのです。

これは同時に、私たちの世界観が新しい局面を迎えたということでもあります。私たちが（単純に五感という意味ではなく、より広い意味で）「観て」いる世界の姿は、私たちが世界をどのように理解しているかに依存します。例えば、手を離すとものが下向きに落ちるのは今も昔も〝当たり前〟ですが、現代を生きる私たちはそれが重力の作用の結果であることを知っています。地上に重力が働くのはもちろん地球があってこそ。だからこそ、宇宙空間に「上下」の概念はありません。宇宙飛行士がフワフワと浮かんでいる様子を若干の好奇心と共に納得できるのは、逆説的に、地上の物体が地面に落ちる原因が重力であると理解している証拠です。

ですが、「上下の概念は重力によってもたらされる」というこの世界観は、ニュートンが重力を発見する以前にはあり得ません。昔の絵画に、平らな大地の果てから海水が滝のように落ちている想像図がありますが、これは、宇宙全体に絶対的な概念として「上下」があると考えていなければ描けないものです。重力の概念を知る我々が描く宇宙の想像図は決してこうはなりません。知識は世界観に影響するのです。

今、私たちはすべての存在が量子であると知っています。ところが、例えば「原子の想像図」を描くと、多くの現代人は原子核のまわりを電子が回る太陽系のような絵を描きます。これは原子核も電子も小さな粒子だと思っている証拠ですが、この章で述べたように、この絵は「平らな大地の果てから海水が滝のように落ちている想像図」と同じ意味で間違っています。そしてもちろん、ミクロ世界はミクロ世界だけで閉じているわけではありません。光子や電子は確かにミクロな存在ですが、それらが引き起こす現象の影響は確実にマクロに及び、今この瞬間にも私たちの五感に捉えられています。重力の知識が景色を変えたのと同様、私たちが見る景色の背後に実は量子があるのだと知ると、世界の〝観え方〟が変わります。今この時代は、世界観の変遷が起こっている真っ最中と言ってもよいでしょう。

量子をどのように表現するかを細かく説明する前に、次の章では、日常の景色に見え隠れする量子の姿をご紹介することにしましょう。

第3章

光も電子も量子だからこそ

前章で見た通り、光も物質もその実体は量子です。それが何物かはさておき、その最大の特徴は「波と粒子の二重性」、つまり、波であると同時に粒子でもあるという性質です。光が持つ粒子性や電子が持つ波動性を考慮に入れずに、古典物理の常識に従って「光は波である」「電子は粒子である」という一方的な取り扱いをしてしまうとさまざまな矛盾が生じます。前章で触れた「光電効果」はその典型例ですが、矛盾はミクロな現象だけにとどまりません。例えば「夜空に星が見える」というごく普通の事実すら、光が粒子性を持たなければ説明できないのです。

そこでこの章では、いくつかの事例をオムニバス的に挙げつつ、私たちが目にしているごく普通の風景の中に間違いなく量子の姿があることを眺めながら、量子が本当の意味で身近な存在であることを見ていきます。「オムニバス的」とは言いましたが、その内容は少しずつ関連しています。一見異なるテーマが関連し合いながら全体像を作り上げる「理解のネットワーク」を感じていただければ幸いです。

色が見えるということ

前の章で書いたように、光の振動数（または光子のエネルギー）が変わると光の色が変わりますが、人間が感知する「色」はもう少し複雑です。実際、目に見える色は異なる振動数の光が混ざっても変わります。事実、すべての波長の光が混ざった光は人の目には白く見えますが、虹の七色に「白」はありません。

これは人間の目の構造に由来します。人間の網膜には、約1億個の視細胞がありますが、その中には、光に反応する色素とタンパク質を含んだ3種類の「錐体細胞」と呼ばれる細胞が分布しています。これらのタンパク質は、それぞれ赤、緑、青を中心とする振動数を持つ光子を吸収して立体構造が変化し、その変化に応じた強度のシグナルを脳に発信します。そして脳は、届いたシグナルの強度分布を「色」に変換して視覚に反映させます。そのため、光が混ざるとシグナルの強度分布も変わり、目に見える色が変わるのです。要するに、人は、赤細胞・緑細胞・青細胞から出されるシグナルの強度分布を「色」と認識しているということです。赤・緑・青が光の三原色と呼ばれるのはそのためです。人の目にとって「色」とは、光の個別の振動数ではなく、どの振動数の光がどのくらい混ざっているか、すなわち「光のスペクトル」の反映です。

ちなみに、生まれつき錐体細胞の種類が少ない人もいますし、逆に多い人もいます。錐体細胞の種類が変われば、同じスペクトルの光が目に当たってもシグナルの強度分布が変わり、色の見え方が変わります。実際、赤の光と緑の光を同じ色と感じる人もいますし、逆に、4種類の錐体細胞を持つ人は、3種類しか持たない人には同じ色にしか見えない2種類の花の色を違う色と感じるそうです。「五感はセンサーで、世界は見えたままではない」と度々述べてきましたが、こういう事例を知るとより納得しやすくなると思います。

さて、ここで少し意外な質問をしてみましょう。前の章で人間の目に見える光の波長は380nmから770nmだと言いました。これはなぜでしょう？　どうしてこの範囲でなければいけないのでしょう？

ひとつの答えは太陽光のスペクトルです。太陽光線のスペクトルを測定すると、ちょうど図2-2（47ページ）のような形をしていて、波長460nm（に相当する振動数）のあたりにピークがあります。実はこの事実にも量子の特性が隠れていますが、それを指摘するのは後にしましょう。生物が生存競争に勝つためには、身の回りの情報収集が欠かせません。地上で光を使って効率よく情報を集めるためには、太陽光を最大限活用する必要があります。結果、太陽が一番強く放出している460nm周辺の光に敏感に反応する目を備えた生き物が生き残ったと推測できます。地上の生物が、多少のずれはあるにせよ、似たような波長域の光を見られるのはそのためです。

化学反応が光で起こるということ

ここまではよく言われることですが、もうひとつ忘れてはいけないことがあります。それは、私たちが化学反応を利用して光を感知しているという事実です。先ほど、目が光に反応できるのは錐体細胞に含まれる特定のタンパク質の立体構造が変化するからだと述べました。この「タンパク質の立体構造が変化する」という反応が化学反応です。これが化学反応であるとはどういうことか、そして、この事実がどうして可視光線の波長と関係するのかを理解するために、少しだけ「分子」のお話をしましょう。

原子核が1個しかないときには、電子はそのまわりを回るしかありません。ですが、2つの原子が接近すると少し状況が変わります。このとき、電子は単独の原子核のまわりを回ることも、2つの原子核を取り囲むような軌道を回ることもできます。一般的な呼び名ではありませんが、イメージを優先して、以後、単独の原子核のまわりを回る軌道を【単独軌道】、複数の原子核を取り囲むような軌道を【取り囲み軌道】と呼びましょう（図3-1）。

第2章で、電子の軌道の長さが電子波の波長の整数倍でなければ干渉のために波が存在できず、結果として、原子核のまわりを回る電子の軌道が飛び飛びになるというお話をしました。この事情はふたつの原子が近づいたときも同じで、【取り囲み軌道】のエネルギーも飛び飛びです。そして、十分に原子が近づき、【単独軌道】のエネルギーよりも【取り囲み軌道】のエネルギーの方が小さくなると、それまで【単独軌道】を回っていた電子は、よりエネルギーの低い【取り囲み軌道】にジャンプして、両方の軌道のエネルギー差を外部に放出します。

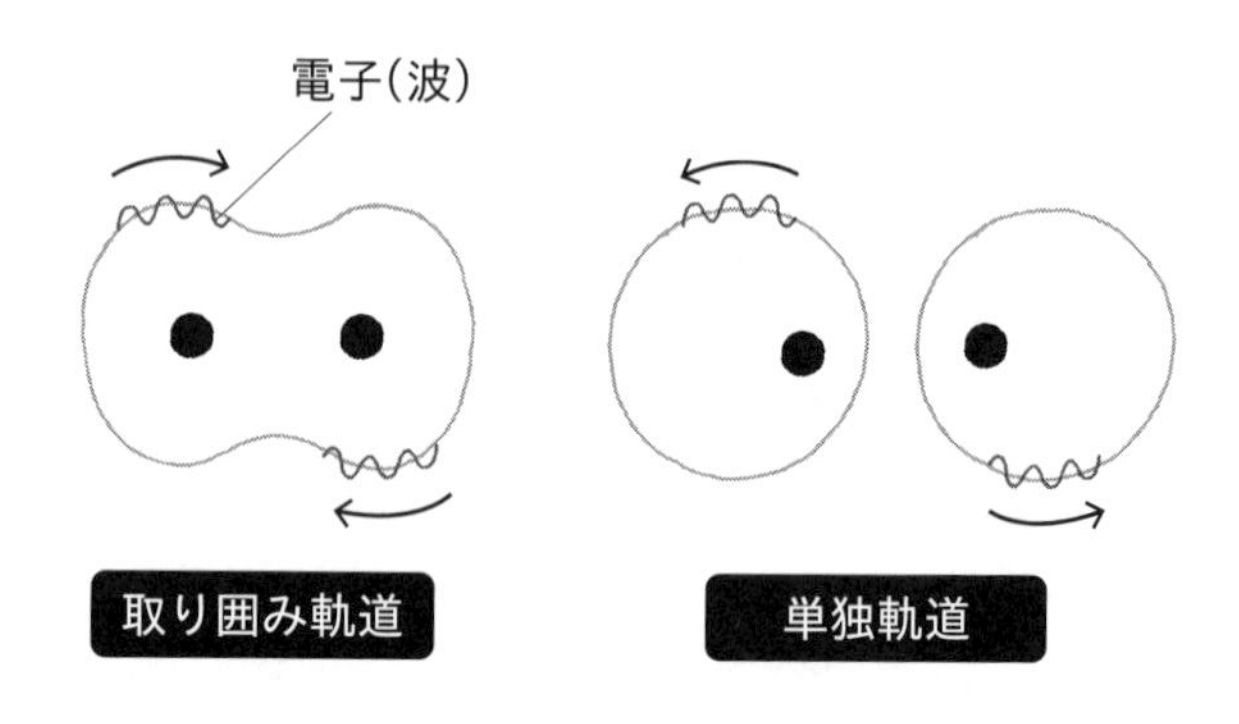

図3-1　単独軌道と取り囲み軌道
原子が十分に近づくと、単独軌道を回っていた電子はよりエネルギーの低い取り囲み軌道にジャンプする

こうなるとこの電子は安定です。【取り囲み軌道】はエネルギーが低いので、外からエネルギーを与えて無理矢理【単独軌道】に戻さない限り、ふたつの原子核のまわりを回り続けるからです。結果、ふたつの原子はほぼ一定の距離を保ち続けることになり、原子同士が結合します。こうしてできあがった原子のペアが分子です。3個以上の原子でも理屈は同じで、エネルギーの低い【取り囲み軌道】があるときには結びついて分子を作ります。非常に端的な言い方をするなら、分子は電子の移動によって作られる、と言ってよいでしょう。

この理屈がわかると化学反応の理解が進みます。一例として水素と酸素が反応して水ができる反応を考えましょう。これは、水素分子（H－H）と酸素分子（O－O）の結合がほどけて、酸素原子1個と水素原子2個が結合し直して水分子（H－O－H）を作る反応です。どうしてこの反応が起きるかというと、水素分子と酸素分子を作っている【取り囲み軌道】のエネルギーよりも、水分子の【取り囲み軌道】のエネルギーの方が小さいからです。つまり、水素分子と酸素分子が単独でいるよりも、水分子を作った方がエネルギー的に得ということです。水素と酸素を混ぜて火をつけると爆発しますが、この爆発エネルギーは電子の軌道のエネルギー差が放出されたものであるということも同時にわかります。

このように電子の移動によって引き起こされる反応を、広く「化学反応」と呼びます。錐体細胞に含まれるタンパク質の形は、タンパク質分子の【取り囲み軌道】の形によって決まっています。タンパク質の立体構造が変化するということは、（同じ原子の集まりの中で）電子が異なる【取り囲み軌道】にジャンプするということです。これはまぎれもなく電子の移動によって引き起こされる化学反応です。これまでの説明からもわかるように、化学反応が起きるときには電子の軌道のエネルギー差に相当するエネルギーが放出されたり吸収されたりします。特に、視覚の元になっているタンパク質の構造変化は光によって引き起こされるので、この変化に関与できるのは、原子や分子を回る電子の軌道のエネルギー差程度のエネルギーを持つ光だけです。

このエネルギーは大雑把にどのくらいでしょう？　実は、私たちは既に、これに答えるための準備を整えています。

原子から光が出る理屈を思い出してみましょう。原子は、エネルギーの高い軌道を回っている電子がエネルギーの低い軌道に飛び移るとき、そのエネルギー差に相当する光子が飛び出すことによって光るのでした。このときに発生する光子のエネルギーこそが典型的な電子の軌道のエネルギー差に他なりません。例えば、トンネルなどでよく使われるナトリウムランプの一番明るいオレンジ色の光の波長は約５９０nmですが、44ページで説明した波長と振動数の関係、および、57ページで説明した光量子仮説を使うと、この光を構成する光子のエネルギーは約3.4×10^{-19}Jと計算できます。このことから、化学反応の典型的なエネルギーは、大雑把に言って【一桁の数】$\times 10^{-19}$J程度だろうと見積もれます。一方、私たちが目で見られる３８０～７７０nmの波長を持つ光子のエネルギーは2.6×10^{-19}J～5.2×10^{-19}J。化学反応を引き起こすエネルギーである【一桁の数】$\times 10^{-19}$Jに見事に一致します。これは偶然ではありません。私たちが化学反応を使って光を検出している以上、化学反応に関与できる、この程度のエネルギーを持つ光子しか感知できないのは必然なのです。

乾電池の電圧が1.5Vであるということ

蛇足ですが、乾電池の電圧が数ボルト程度なのも同じ理由です。乾電池は化学反応によって電子にエネルギーを与えて電流を作り出します。ということは、乾電池内部で電子が獲得するエネルギーは【一桁の数】$\times 10^{-19}$J程度です。電圧1Vとは、1C（クーロン）の電荷に1Jのエネルギーを与えることのできる能力です。電子の電荷が約1.6×10^{-19}Cなので、仮に乾電池内部で電子が獲得するエネルギーが2.4×10^{-19}Jだとすると、乾電池の電圧は〈$2.4 \div 1.6 = 1.5$V〉となります。乾電池の電圧がこの程度なのは、乾電池が化学反応を使って電子を動かしているために生じる必然であるということです。「乾電池の電圧」と「可視光線」という一見全く関係のないように思える現象が同じルーツを持つことの妙を感じていただけるでしょうか。

ここでもし、光が量子ではなく、単純な波だとしたらどうでしょう？　もしそうだとすると、光のエネルギーは振動数ではなくて振幅、すなわち、明るさによって決まるはずです。すると、タンパク質の立体構造を変化させるために必要なエネルギーを与えるには、一定以上の明るさの光を当てなければいけないことになります。となると、振動数が一定でも、光を明るくするとタンパク質が反応して脳にシグナルを発信するようになります。結果、脳に届くシグナルの分布が変わり、見える色が変わるはずです。例えば、暗い部屋はすべてが赤、明るい部屋ではすべてが青に見えることになります。もちろんこれは事実とは異なります。実際には、特定の振動数の光は明るさを変えても同じ色に見えます。

さらに言うなら、もし光が単純な波なら、暗い光でも長時間当てれば大きなエネルギーを供給できます。だとすると、携帯電話の電波のような波長の長い光であっても、網膜に長時間当てればタンパク質は立体構造を変えるはずです。携帯電話の電波もじっと見ていれば目に見えることになります。もちろん、実際には可視光線以外の電磁波をいくら目に当てても見えません。これは、1個の光子が1個の電子をはじき出す光電効果と同様、タンパク質の立体構造の変化が基本的に1個の光子によって引き起こされるからです。このように、光が粒子性を持つことを認めなければ、身の回りの物体が特定の色を持つことも、飛び交う電波が目に見えないことも説明できません。

歴史に「もし」はありませんが、もし、先人が「光の色とはなんだろう?」という疑問を深く深く考えていたら、光が量子である事実にもう少し早く辿り着いていたかもしれない、と思うこともしばしばです。

花火が夜空を彩るということ

炎色反応という現象をご存じでしょうか? 炎に金属をかざすと、ナトリウムなら黄色、銅なら緑、リチウムなら深紅、カリウムなら淡紫など、炎の色がその金属特有の色合いになる現象です。もし見たことがなければ、コンロの火に食塩をパラパラと撒いてみるとよいでしょう。炎の一部が明るい黄色に変わる様子が見られるはずです。もちろんこれは、食塩（塩化ナトリウム）がナトリウム原子を含んでいるからです。この現象は、花火の炎に色を付けるために応用されています。火薬に特定の金属を混ぜると、その火薬が燃えるときに炎色反応で炎に色がつきます。花火師たちは、火薬に混ぜる金属の種類を調整することで夜空の花火をコントロールしているというわけです。

今の私たちなら、この仕組みはすぐに理解できます。金属を炎にかざすと、炎の熱が金属にエネルギーを供給し、金属の温度が上昇します。そのエネルギーの一部は金属の原子核のまわりを回る電子に渡され、電子の一部はよりエネルギーの高い軌道にジャンプします。すると、エネルギーの低い軌道が空席になるため、エネルギーの高い軌道にいる電子がそこに落ちてきます。このとき、軌道のエネルギー差に相当する光子が飛び出します。これが炎色反応の仕組みです。前の章で説明した原子が光る理屈そのものです。実際、炎色反応で発生する光を分光すると、図２－７（68ページ）の上図のような飛び飛びのスペクトルが見られます。先ほど説明したように、人の目に見える光の色はその光のスペクトルで決まります。炎色反応によって生じる光の色が金属ごとに違うということは、金属ごとにスペクトルのパターンが違うということです。これは、原子の種類ごとに原子核のまわりを回る電子が取り得るエネルギーが異なるという事実をそのまま反映しています。

もし、電子が普通の粒子だったらどうでしょう？　この場合、原子核のまわりの電子はどんな半径の軌道でも回ることができるので、電子はわずかなエネルギーでも吸収／放出できます。ということは、金属の種類が何であれ、電子は図２‐７の下図のような連続スペクトルを持った光を放ち、人の目には白く見えるはずです。花火の色もすべて白。「夏の夜空を彩る花火」という情緒はなくなります（もっともこの場合は、前の章で述べたように、電子の軌道はどんどん小さくなれるので、原子そのものがあっという間に壊れてしまい、情緒を感じる人間の存在もあり得ないのですが）。ちなみに、身の回りにあるさまざまな物体が特定の色を反射するのも本質的にこれと同じ理屈です。花火の色合いを楽しめるのも、身の回りのものに色がついているのも、電子が量子だからです。

お日様の姿がこのようであること

私が大学で講義をするとき、たまにこんな質問をします。「太陽は何からできているか知っていますか？」「え……考えたこともないです」という答えが多くて逆に驚くのですが、答えから言うと、太陽は水素（とヘリウム）の塊です。その質量は地球の約33万倍。表面温度は驚きの約

6000K（ケルビン）です。飲み会のときの小ネタとして覚えておくのも悪くないでしょう。

さて、私も一応専門家の端くれ。そんな立場の人間に断言されると無条件に信じそうになるかもしれませんが、忘れてはいけません。これは所詮、伝聞情報です。ひょっとしたら壮大な嘘かもしれません。この一連の知識はどのように確かめたらよいでしょう?

太陽の質量を測定する方法は面白いのですが、この本の趣旨からすると脇道なので涙をのんで割愛し、量子が関係する太陽の表面温度に集中しましょう。これは太陽光のスペクトルからわかります。事実、太陽光のスペクトルを測定すると図2−2（47ページ）のようになり、その形状は温度が6000Kのときのプランクの計算結果にピタリと重なります。これが太陽の表面温度が6000Kという知識の根拠です。決して太陽に温度計を突っ込んで測ったわけではありません。


ここで、光が単純な波だと仮定してみましょう。第2章の復習になりますが、波が物体の中に閉じ込められているとき、振動数が大きい波ほど存在の密度が大きいのでした。ということは、同じ場所で述べた統計力学の基本原理から、物体内部には振動数の大きな光ほど高確率で実現されることになります。だとすれば、太陽からは振動数の高い電磁波ほど強く放出され、その姿は、青紫色に輝きながら紫外線やガンマ線をガンガン放出する凶悪なものになるはずです。もちろんこれは現実の太陽とは似ても似つかない姿です。

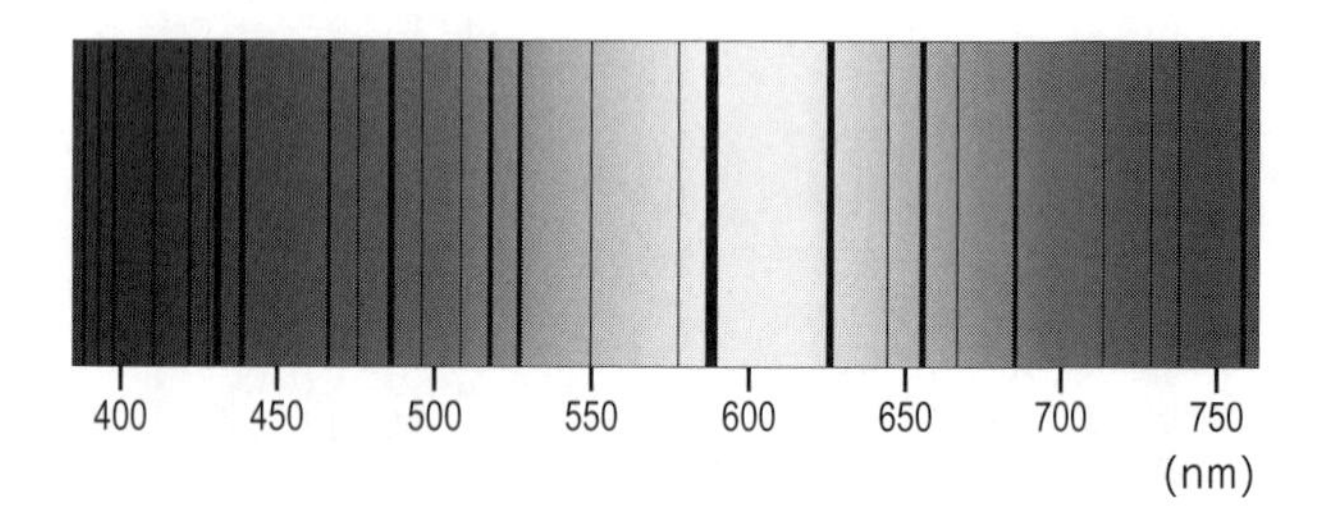

図3-2　フラウンホーファー線
太陽光線のスペクトル。縦に何本も入っているのがフラウンホーファー線

一方、光量子仮説を仮定して、光が粒子の集まりであると考えて統計力学の基本原理を適用すると、図２－２の形状のスペクトルが得られるのは説明した通りです。実際に観測される太陽光のスペクトルが、理論的に予測されたスペクトルの形状にピタリと重なるということは、この理屈が、太陽が光る仕組みの正しい説明になっているということです。すなわち、統計力学の基本原理が正しく機能し、光は量子であるということです。これが、先ほど「後回しにする」と言った、太陽のスペクトルに隠れた量子の特性です。当たり前のように目にしているお日様は、光が量子だからこそあり得る姿なのです。

それでは、太陽が水素の塊であるというのはどうしてわかるのでしょう？　ひょっとしたら、太陽は石炭の塊で、それが酸化反応で燃えているのかもしれません。どうしてそうではないと言い切れるのでしょう?

これには原子のスペクトルと核融合の知識が深く関係しています。図2-7（68ページ）の下図は太陽光線のスペクトルですが、実はこのスペクトル、よくよく観測すると図3-2のように「フラウンホーファー線」と呼ばれる飛び飛びの暗線が入っています。そして、この暗線が出る位置は、数種類の原子が出す（図2-7の上図のような）飛び飛びのスペクトルの場所にピタリと一致します。

この暗線は、原子が発光するメカニズムの逆現象によって生じたものです。つまり、エネルギーの低い軌道を回っている電子が、軌道の差に相当するエネルギーを持つ特定の光子を吸収してエネルギーの高い軌道にジャンプした結果です。原子から放出される光と同じエネルギーの光が吸収されるので、連続スペクトルから原子に特有の飛び飛びスペクトルが黒く抜けることになります。これがフラウンホーファー線です。

すると、図3-2の暗線は、太陽と地球の間にある物質が太陽光の一部を吸収したことによって生じたと考えるのが一番自然です。暗線の中には、酸素分子など、地球の大気の成分が吸収したと思われるものだけでなく、地球の大気では説明できない物質に由来する暗線が含まれています。その代表例が水素とヘリウムです。これらは地球の大気にはほとんど含まれていませんし、宇宙空間はほぼ真空ですから、これは太陽の大気によって吸収されたと考えざるを得ません。太陽には水素とヘリウムが含まれているということです。

そして、水素の塊が高温になれるのは、酸化反応ではなく、水素の原子核（陽子）4個が融合してヘリウムの原子核1個になる「核融合反応」のおかげです。太陽の温度が単純な燃焼では説明できないほど高い理由も、フラウンホーファー線に水素だけでなくヘリウムの暗線が見える理由もこれで説明できますし、現在ではこの理解に基づいて、太陽の内部構造や磁場の特性といった細かな特性をも説明できています。

これが、太陽が水素の塊である証拠です。このように、地球から1億5000万㎞の彼方にある6000Kの物質塊からサンプルを取って来なくても、光のスペクトルに含まれている情報に基づいて太陽の特性を知ることができます。

私たちがここにいるということ

これは夜空に輝く星々でも同様です。星の光を分光してそのスペクトルを調べると、太陽と同様、図3-2のような暗線が見えます。そして、その暗線は、これまた太陽と同様、水素とヘリウムを始めとする原子の吸収線にピタリと一致します。これは、夜空に輝く星々のほとんどが、太陽と同じように水素の核融合によって光っていることを意味しています（例外は太陽光を反射して光る月と惑星です）。逆に言うなら、地球の空に燦然と輝く太陽は、宇宙から見たら特別な存在ではないということでもあります。

話はこれで終わりではありません。星が水素の核融合で光っているということは、星は、燃えている内に水素を消費してヘリウムの割合が増えていくということです。すると、長時間燃え続けて燃料となる水素の量が少なくなるにつれて、それまでのように水素の核融合を起こしづらくなってきます。そうなると、星内部の核反応が弱まることで自らの重さを支えていた内圧が弱まり、星は自重で潰れていきます。自転車のタイヤに空気を入れるとき、シリンダー部分を触ると熱くなっていることをご存じの方も多いと思いますが、一般に物体を圧縮すると温度が上がります。この事情は星も同じで、星が潰れると内部の温度が上昇します。そしてついに、中心部分がヘリウムの核融合が起きるのに十分な温度に到達すると、星の内部で再び核融合反応が開始され、星はヘリウムからリチウムやホウ素といったより重い元素を生み出しながら光るようになります。そして再び燃料となるヘリウムが足りなくなると……というサイクルが繰り返されます。このサイクルがどこまで続き、星の最後がどうなるかはその星の重さによって違いますが、いずれにしても、最終的に核融合反応ができなくなるまで状況が進んだ星は自分の姿を保てなくなり、それまでに自らの中で作り出してきたさまざまな元素を宇宙空間に放出します。星は元素の生成工場なのです。

ここで視点を星の世界から身の回りに移しましょう。私たちの身の回りの物質は実にさまざまな種類の元素からできています。一番身近な私たちの身体からして、有機物、すなわち、炭素を中心とした化合物です。一方、（詳細は省きますが）さまざまな状況証拠から、生まれたばかりの宇宙にはほとんど水素とヘリウムしかなかったことがわかっています。それなら、身の回りにあるさまざまな原子はどこからきたかというと、星の中で合成されたとしか考えられません。私たちが今ここにいるという事実そのものが、その昔、大きな恒星が寿命を迎え、その恒星の中で合成された重い元素が宇宙空間に散らばり、それが再び集まって太陽系が形成されたことの動かぬ証拠です。私たちは、文字通り「星のかけら」なのです。

こうした一連の知識の一番根っこに何があったかと言えば、原子が出す光のスペクトルです。原子から出る光のスペクトルが飛び飛びで、元素ごとに異なるパターンを示すのは、電子が波の特性を併せ持つ量子だからこそです。電子が量子であるという事実そのものが、太陽や星の正体や、私たちのルーツが星にあることを教えてくれます。

夜空に星が見えるということ

私は学生時代、標高3000mくらいのところにある山小屋で泊まり込みのバイトをしていたことがあるのですが、毎晩夜空を眺めるのが楽しみのひとつでした。地球から肉眼で見える恒星の数は全天でおよそ8600個と言われていますが、山から見る星空はまさしく星の海。圧巻の一言です。「月明かり」や「星明かり」が本当に明かりなのだと実感したのはあれが初めてだったと思います。

さて、そんな賑やかな星々ですが、それらは地球からどのくらいの距離にあるでしょう?

私たちが身の回りのものの距離を感じ取れるのは、私たちがふたつの目でものを見ているからです。例えば片手の人差し指を立てて、もう一方の手で片目を隠してみましょう。隠す目を替えると、視界の中で指が移動するのがわかると思います。これは、右目に入る光と左目に入る光が平行でないために起こる現象で、「視差」と呼ばれます。視差は、距離が近ければ近いほど大きくなります（指の実験を目の近くでやるとすぐにわかります）。視差には距離の情報が含まれているということです。事実、人間の目には、常に角度が少しずれた光が同時に飛び込んでいて、脳がそのずれを距離情報に読み替えて視覚に反映させています。私たちの視界に距離感があるのはそのためです。たまに見かける3D映像はこの原理を利用しており、左右の目に少しずれた別々の映像を見せることで遠近感を生み出しています。

では、星までの距離は目で見てわかるでしょうか?　残念ながら無理です。星があまりに遠くにあるために、両目の間の距離程度では測定可能な視差を生み出せないからです。ですが、この方法は距離を測る原理としては有効です。ふたつの観測点を十分に離しておけば、遠くにある物体でも観測可能な視差を生み出し、距離を測ることができるはずです。これを「三角測量」と言います。観測点の距離が離れていれば離れているほど、遠くの物体の距離を精度良く測ることができます。

地上の人間が生み出せる観測点間の最大の距離はどのくらいでしょう？　地球の直径（約1万3000㎞）でしょうか？　いえいえ、もっと長距離が手軽に出せます。それは、地球の公転軌道の直径（約3億㎞）です。例えば夏にある星を観測し、冬に同じ星を観測すれば、約3億㎞離れた2点から同じ星を見たことになります。このときに、星が見える角度にずれを観測できれば、その星までの距離を計算することができます。現在の技術なら、概ね100光年（光の速さで100年かかって届く距離）以内にある星であれば、この方法で距離を測れます。

それより遠い星の距離はどうやって測ればよいでしょう？　ヒントは100光年以内にある星を調べてわかった、星の色と明るさの関係にあります。距離が2倍になると明るさは4分の1になるので、距離がわかるとその星の明るさが推定できます。100光年以内の星は距離が測れるので、明るさがわかるのです。すると面白いことに、星の色（スペクトル）と明るさの間に関係があることがわかります。この関係を使うと、直接距離を測れないくらい遠い星であっても、色を観測すればその明るさが推定できるので、実際の明るさと比較することで距離を推定できることになります。銀河系内の星の距離はこの方法で測ることができます。例えば、航海で重要な役割を果たした北極星は地球から４３３光年のところにあります。

さて、そろそろ量子の本だということを忘れそうなので本題に戻りましょう。ここで言いたかったのは、北極星が４３３光年という距離にあるという知識には、単純かつ堅固な根拠があるということです。これは他の星でも同様で、地球から肉眼で明るく見える星は、そのほとんどが数百光年以内の距離にあります。この事実を疑うのは相当に難しいことです。そして、星がこのような距離にあるという事実を踏まえると光の量子性が顔を出します。

例として北極星に焦点を当てましょう。北極星が１秒間に放出する光のエネルギー量は、その明るさと距離から換算して、太陽の２・５倍に相当する 9.5×10^{26} Ｊ程度です。北極星から放たれた光は球面状に広がるので、地球に到達する頃には半径４３３光年の球面上に 9.5×10^{26} Ｊの光エネルギーが一様に分布していると思ってよいでしょう。地上で空を見上げる私たちの目の瞳孔の面積は、大きめに見積もって50㎟程度です。すると、北極星が放つ光のうち、私たちの目に飛び込む光のエネルギーは毎秒 2.3×10^{-16} Ｊ程度と見積もれます。

ここで問います。この光は見ることができるでしょうか？

仮に光が単純な波だったとしましょう。目の表面に一様に降り注いだ光は角膜と水晶体で網膜上に集光されます。目の良い人が見分けられる星の位置は、角度にして約10分（6分の1度）なので、星の光はこのくらいの範囲に集光されると思って良いでしょう。片目の視野は約150度なので、面積に換算すると、網膜全体の100万分の1くらいの領域に星からの光が当たることになります。星を見るのは網膜の中でも感度の良い部分であることも考慮に入れると、反応できる視細胞の数は300個程度と思って良いでしょう。ただし、文献を紐解いてみると、網膜に届いて視覚に寄与する光は角膜から入った光全体の10％程度なのだそうです。これらを総合すると、北極星から出た光の内、1個の視細胞が受け取るエネルギーは、目の表面に届いたエネルギーの約3000分の1、すなわち、毎秒 7.5×10^{-20} J程度と概算できます。化学反応の典型的なエネルギーは 10^{-19} J程度なので、この光がタンパク質の立体構造を変化させるためには、10秒間ほど光を照射し続けなければいけないことになります。北極星は肉眼では見えない、と結論せざるを得ません。もちろん北極星は2等星という比較的明るい星で、肉眼でバッチリ見えます。矛盾してしまいます。

一方、光が光子の集まりだとしましょう。目に飛び込む毎秒 2.3×10^{-16} Jのエネルギーを持つ光は、可視光線の代表的な波長である500 nmの光子に換算して、580個程度の光子からできています（実際は波長に分布があるのでもう少し多いはずですが、話を単純化しています）。この場合、光子1個が 4.0×10^{-19} J程度のエネルギーを持つ粒子なので、1個の光子につき1個の視細胞のタンパク質の立体構造を変化させることができます。生理学の研究によると、人は30個程度の光子が目に入ると「見えた」という反応を示すのだそうです。５８０個という光子の数はこれに比べて十分に多く、現実に北極星が明るい星であることと矛盾しません。光が量子であると考えないと、「夜空に星が見える」という当たり前のことすら説明できないのです。

いかがでしょう？　まわりを見渡すと、さまざまな色が目に飛び込み、空にはお日様が輝き、もし晴れた日の夜であれば星々を眺めることができます。当たり前の日常です。ですが、これらを矛盾なく説明するためには、光が粒子性を持ち、電子が波動性を持つことが必要なのです。もちろん、油膜が虹色に輝く事実を説明するためには光が干渉現象を起こす波であることが必要ですし、陰極線の振る舞いは電子が電荷を持つ粒子であると考えないと説明できません。19世紀までの認識もまた間違いではありません。これはつまり、この日常が日常であるために、そして、私たちが世界をこのように認識するために、光も物質も、粒子と波の二重性を持つ量子であることが必要不可欠だということです。日常の風景の中に、量子の姿が確実に織り込まれていることを感じていただけるでしょうか？

さあ、世界の根本に量子があるとわかった今、世界を理解したければ、量子がどのような理に基づいて動く存在なのか、目をそらさずに見つめる必要があります。次の章では、量子をどのように表現したらよいかを考え、その本質に迫っていきましょう。

第4章

量子の世界へ

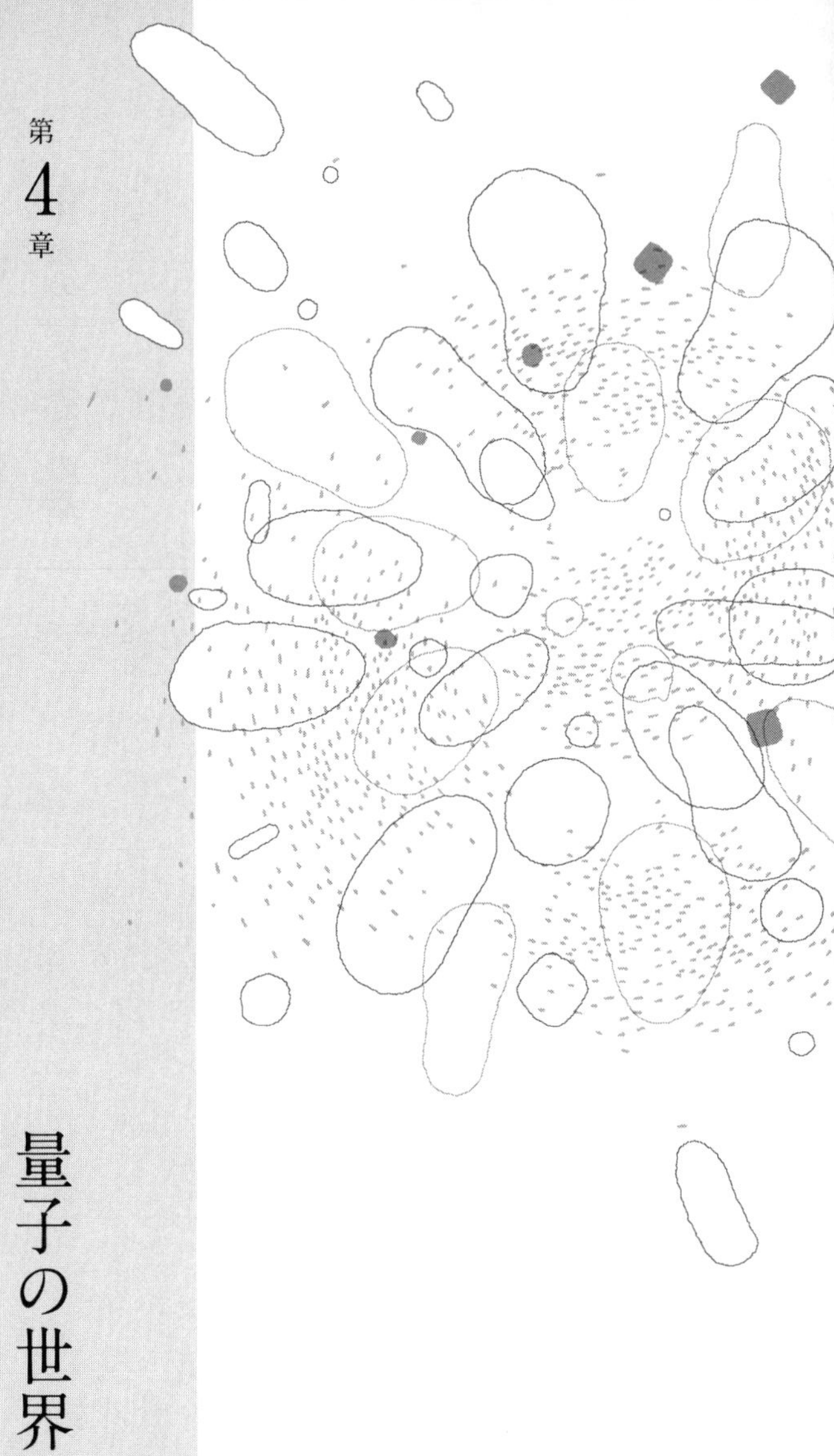

古典の器・量子の器

ここまでのお話を読んでこんな感想を持たれた方はいないでしょうか？

「科学は現象を説明するものなのでしょう？　光も電子も、状況に合わせて波とみなしたり粒子だとみなしたりして、古典物理学を応用すればいろいろと説明できたじゃないか。水素のスペクトルまで定量的に再現できるのだから、このままでも十分なんじゃないの？」

今だから告白しますが、高校生時代の私がまさにそのように思っていました。ですが、やはりこれは間違いです。

第2章と第3章でご紹介したやり方は、一定の説明能力を持つとはいえ、状況に合わせて電子や光を「粒子」だと思ったり「波」だと思ったりする、言うなればご都合主義です。ボーアの模型とド・ブロイの物質波仮説に基づいた水素のスペクトルの計算などはその典型例で、ひとまず電子を粒子とみなしてニュートン力学で計算し、その後で電子を波だとみなして電子が定常的に存在できる条件を考えますが、どんな場面で粒子と波を使い分けるのか、はっきりした基準はありません。ニュートン力学や波動学は、元々、点粒子や単純な波を取り扱うために作られた体系です。それを「粒子でも波でもない何物か」に使うのは自己矛盾ですし、控えめに言っても適用限界を超えています。

　実際、ボーアのやり方で、ヘリウムなど水素以外の原子のスペクトルを計算すると、現実の観測結果と一致しません。古典物理学を援用することで粒子と波をその都度使い分けて量子現象を説明しようとする量子論の黎明期のやり方は「前期量子論」と呼ばれますが、慣れ親しんだ描像を使うのでイメージしやすいという利点がある反面、その説明は恣意的で、予言能力も限定的。物理としては不十分と言わざるを得ません。

　量子力学が完成している今から見ると、前期量子論がうまくいかない理由はよくわかります。詩的な表現を許してもらえるなら、古典物理学には量子を表現するだけの「器」が用意されていないのです。古典物理学の代表格であるニュートン力学は、粒子を質点とみなし、質点の位置や速度を、実数を成分とする3次元ベクトルという数学の概念を使って表現することで大成功を収めました。この「実数」や「3次元ベクトル」が質点を表現するための「器」です。私たちが普段さまざまな物体の運動をイメージできるのは、私たち自身がこれらの器を感覚として会得しているからです。

　前期量子論というのは、古典物理学のために用意された器に「量子」という未知の存在を納めようとする試みです。ところが、これから説明するように、量子を表現するために必要な器は、古典物理学で用いてきたどんな器よりもはるかに大きいのです。大きさの足りない器を使って量子を掬い取ろうとする前期量子論に無理が生じるのは当たり前だった、というわけです（もちろん、ある程度こぼれ出ることを気にしなければ、掬い取り方次第で本質をわかりやすく抜き出せるのもまた確かですが）。

量子を表現するために古典物理学が役に立たない以上、量子現象を正しく説明し、正確な予言を可能にするためには、古典物理学からのジャンプがどうしても必要です。そこでこの章では、古典の世界から量子の世界への最初のジャンプを成し遂げたドイツの若き物理学者、ヴェルナー・ハイゼンベルクのアイディアを手がかりに、古典物理学とは根本的に異なる量子の世界に分け入ることにしましょう。

ハイゼンベルクのジャンプ

私たちは通常、粒子の位置や速度を普通の数字で表します。そして、第1章で強調したように、この位置や速度の値を決めるためには必ず何らかの測定が必要です。ハイゼンベルクはこの「測定」という行為を深く掘り下げて、

量子の位置や速度は、通常の数ではなく、行列で表現されるべきである

というジャンプを試みました。そしてこれは大正解だったのです。

「位置が行列？　一体何を言っているんだ⁇　そもそも行列ってなんやねん⁉」

おそらく、これが多くの読者の偽らざる心の声でしょう。ですがご安心ください。最初から抽象的な思考があったわけではありません。位置や速度が普通の数で表せない、などという常識外の発想ではありますが、量子を丁寧に観測すると現れる**位置と速度の間の不思議な関係**を真剣に捉えるならば、何かしらのジャンプは必然です。そして、そのジャンプがもたらす量子の振る舞いをうまく表現しようとすると、数学の世界で「行列」と呼ばれる概念が面白いほどピッタリ当てはまります。「行列」なる抽象的な存在が最初からあったわけではなく、自然界を説明するために行列の概念が必要になったということです。ハイゼンベルクが歩んだであろうこの道を、私たちも一歩ずつ歩むことにしましょう。

顕微鏡の仕組み

量子を観測するといっても、ハイゼンベルクの時代には量子の精密測定などできませんから、ここでいう「観測」とは思考実験、すなわち、理想的な状況を想定して、もしそのような状況が実現したらどんな現象が起きるかを考える脳内シミュレーションも含まれます。ハイゼンベルク

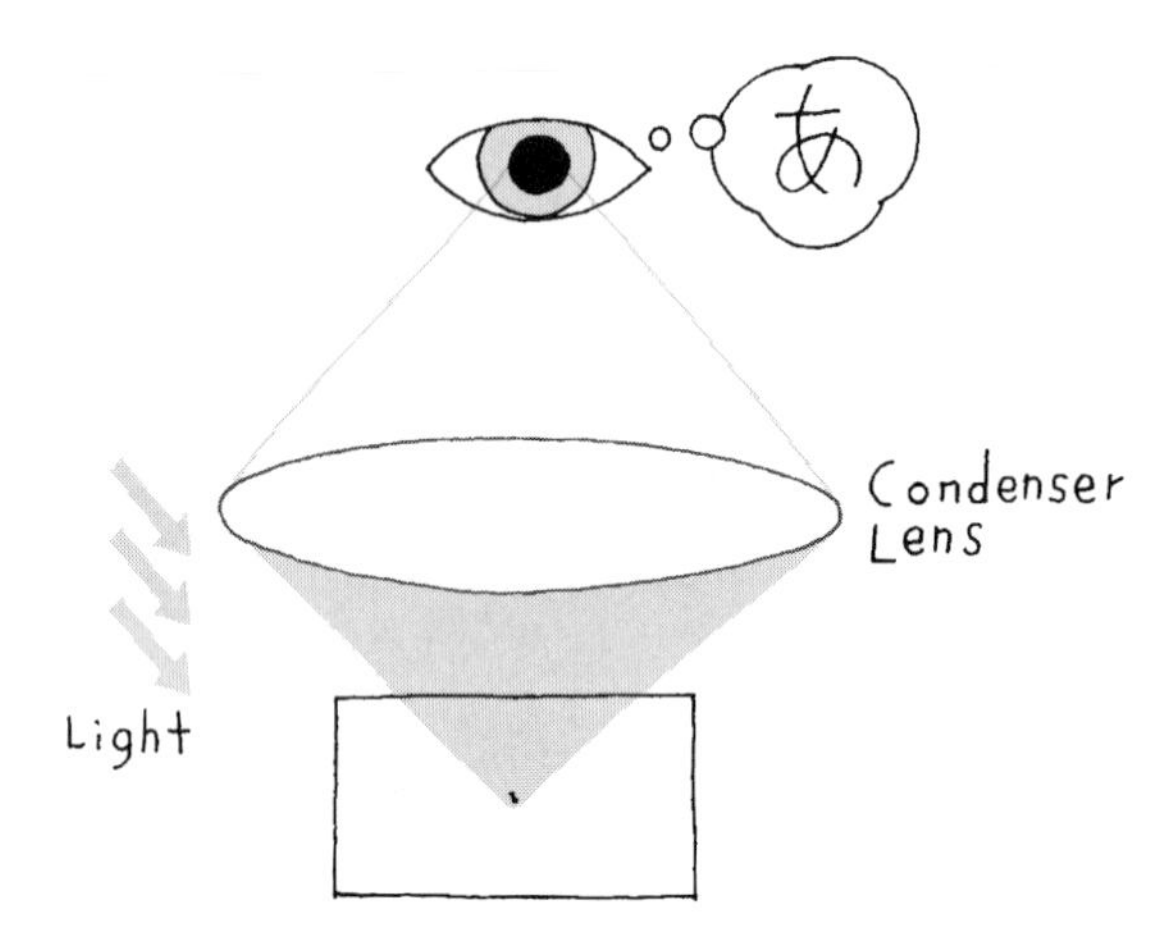

図4-1　光学顕微鏡の概念図
物体に描かれた「あ」の字の周辺で反射した光がレンズで集められ、目に飛び込み視界を占有するため、「あ」周辺の領域が視界全体に拡大される

はさまざまな思考実験を提案しましたが、ここではその代表でもある「ガンマ線顕微鏡」をご紹介します。まずは準備として、通常の顕微鏡の仕組みから始めましょう。

顕微鏡にもいろいろな種類がありますが、ここでは光を当てて見たい部分を拡大する「光学顕微鏡」を考えます。図4－1は、物体の表面に描かれた小さな模様（ひらがなの「あ」）を顕微鏡で拡大するときの概念図です。このとき、「あ」の周辺で反射した光がレンズで集められて目に飛び込み、視界を占有するため、「あ」周辺の領域が視界全体に拡大されます。こうすることで、肉眼では点にしか見えなかった黒い印が、実はひらがなの「あ」の形をした線であるとわかります。持って回った言い方をするなら、文字を構成する線の位置が読み取れた、ということです。これが光学顕微鏡の大雑把な原理です。

さて、今の説明の中に、こっそりと暗黙の了解が隠れていたことに気づいたでしょうか？　それは、観測に使う光の波長が観測対象よりも十分に短いことです。これを仮定しないと今の説明は嘘になってしまいます。

ポイントになるのは、第2章の冒頭で述べた回折現象です。41ページで説明した二重スリット実験で、波が狭い隙間を通ると同心円状に広がるのはまさにこのためでした。回折現象は普遍的な現象で、隙間を通るときだけでなく、波が反射するときにも起こります。特に、波が狭い範囲で反射されると、その「狭い範囲」が隙間と同じ役割を果たして反射波が広がります。

ここで、波長が長いほど回折現象が顕著になるという事実を思い出しましょう。つまり、隙間の幅に比べて波長が十分に短ければ波はほとんど広がりませんが、波長が隙間よりも長くなると、波は強く回折して広い範囲に広がります。先ほどの顕微鏡の例で、拡大した視界の中で「あ」を構成する黒い線がはっきり見えたということは、線の周辺で反射した光がほとんど広がらずにレンズに届いたということです。これは、線の幅と比べて、回折の度合いが無視できるほど小さかったことを意味しています。この事実から、線の太さに比べて光の波長が十分に短かったことがわかります。さもなければ、線で反射した光は回折現象のために大きく広がり、文字は視界の中でぼや〜っと広がって判別できなくなってしまうでしょう。先ほどの説明は、観測に使う光の波長が観測対象よりも十分に短いことを大前提にしていたということです。

このように、顕微鏡の画像は、使う光の波長程度は必ずぼやけていて、特に、波長よりも小さいものははっきりと見ることができなくなります。一般に、画像上で区別できる最低の長さを「分解能」と呼びますが、今述べた事情から、顕微鏡の分解能はどう頑張っても使う光の波長よりも劇的に小さくすることができません。これは、「回折」という光が持つ根源的な性質に由来するため、顕微鏡メーカーがどんなに工夫を凝らしても超えることができない原理的な限界です。

このように、光学顕微鏡とは「使う光の波長程度の誤差の範囲内で位置を特定する測定装置」です。可視光線の波長は数百nmですから、1000nm（1ミクロン）程度の大きさのものであれば可視光線を使ってクリアに拡大できます。ですが、ターゲットがさらに小さくなると話が変わります。可視光線を使って100nmの物体を見ようとしても、物体の大きさが分解能よりも小さいためにクリアな像が得られません。この物体をはっきり見たければ、分解能を100nm以下にするために波長の短い紫外線を使う必要があるでしょう。光学顕微鏡を使うときには、どの程度の大きさのものを見たいかに応じて使う光の波長を変えなければいけないのです。

電子を見るための「ガンマ線顕微鏡」

さて、ここで唐突に「光学顕微鏡で電子が見たい！」という謎の衝動に駆られたとしましょう。電子は原子（大きさは0.1nm）と比べても桁違いに小さいので、その位置をはっきりと特定するには可視光線よりも遥かに短い波長を持つ「ガンマ線」を当てる必要があります。これが「ガンマ線顕微鏡」の名前の由来です。

ですが、ガンマ線を使うとは言っても所詮は光学顕微鏡。原理的な分解能の限界からは逃れれず、得られる映像はどう頑張ってもガンマ線の波長程度はぼやけることになります。このぼやけ具合が観測で生じる電子の位置の誤差です。

ここで、光が量子であることを思い出すと面白いことが起こります。位置の誤差が速度の誤差に波及するのです。アインシュタインの光量子仮説によると、光は単純な波ではなく、1個2個と数えられる光子でもあり、光子1個のエネルギーは振動数に比例するのでした。ガンマ線は波長が極端に短いので、その振動数は極端に大きく、光子1個が非常に大きなエネルギーを持ちます。そんな高エネルギーの光子が電子に当たると、電子はその反跳で弾き飛ばされて速度を大きく変えます。電子の位置が完全に確定しているなら、光子が跳ね返ってきた角度から弾き飛ばされた後の電子の速度を逆算できますが、電子の位置に誤差がある現状では、最初の電子の位置に曖昧さがあるので、弾き飛ばされた後の電子の速度にもそれに応じた曖昧さが残ります。これが観測で生じる速度の誤差です。

今の状況をもう少し細かく見ると、こうして観測された位置と速度の誤差には相関関係があることが見えてきます。例えば、電子の位置をできるだけ正確に決めるためにガンマ線の波長を短くしたとしましょう。すると、光はあまり回折しなくなるので、顕微鏡の解像度が上がり、電子の画像はシャープになります。目標通り位置の誤差を減らすことができました。ところが、波長が短くなると光子のエネルギーは大きくなります。すると、電子に及ぼす光子の影響力は大きくなり、光子の反跳方向がわずかに変わるだけで弾き飛ばされる電子の速度が大きく変わります。結果、観測後に電子がどんな速度を持つかがわからなくなり、速度の誤差は大きくなります。逆に、速度の誤差を減らすためにガンマ線のエネルギーを小さくしたとしましょう。すると、光子が電子に与える影響は小さくなり、速度の誤差はもくろみ通り小さくなります。ですが今度は、ガンマ線の波長が長くなるために顕微鏡の解像度が下がり、電子の画像はぼやけたものになってしまいます。速度の誤差が減った代わりに位置の誤差が増えてしまうのです。

実際、顕微鏡の理論と光量子仮説を使って誤差を真面目に計算すると、電子の【位置の誤差】と【運動量の誤差】の積が概ねプランク定数程度になることがわかります（運動量は質量と速度の積なので、運動量の誤差は速度の誤差に相当します）。位置を正確に測定しようとすると速度の精度が下がり、逆に速度を正確に測定しようとすると位置の精度が下がるという事情が定量的に表現されています。まさしく、あちらを立てればこちらが立たず。これは、顕微鏡の分解能に原理的な限界がある以上は避けられません。これが「ガンマ線顕微鏡」の思考実験の結論です。
もしも電子が通常の粒子であると信じて疑わなければ、この結果は「電子の位置と速度は本当は決まっているのだが、人間が作った測定器の限界のためにどうしても曖昧さが残るのだ」と解釈されるでしょう。ところがハイゼンベルクは違いました。ハイゼンベルクは、これは**人間の技術的な能力の限界ではなく、量子の本質に由来する**と考えたのです。そのアイディアはこうです。

量子の位置と運動量は本質的な意味で不確定で、その測定値には必ずその不確定性程度のばらつきがある。そして、位置の不確定性と運動量の不確定性の積にはプランク定数に比例する下限がある。

現在では「不確定性原理」または「不確定性関係」と呼ばれる量子の特徴的な性質です。

「不確定性」が意味すること——量子に至る通過点

大切なので繰り返しますが、ハイゼンベルクが主張する「不確定性がある」というのは、「本当は決まっているけれども人間の測定能力の限界のためにどうしても測定誤差が生じてしまう」ということではなく、**量子の位置や速度は本当に決まっていないという意味**です。

これはなかなかすごいことを言っています。例えば、61ページで紹介した陰極線は大量の電子の流れですが、陰極線に含まれている1個の電子はどんな軌跡を描いて飛んでいるでしょう？ もし、位置や速度が本当に決まっていないのなら、「どこかを真っ直ぐす～っと飛んでいる」というごく普通の感性は間違いです。なぜなら「どこかを」というのは位置が決まっていることを、「真っ直ぐす～っと」というのは速度が決まっていることを想定しているからです。「位置も速度も決まっていないなら、電子はいろいろな粒子に分裂しながら飛んでいるのかな？」と思いたくなりますが、存在している電子は1個なのでこれはしっくりきませんし、何より、もしこの予想が正しかったら、細かく分かれた〝電子のかけら〟が現実に見つかるはずですが、そんなものは見つかっていません。1個の電子はあくまで1個です。

不確定性を認めるということは、**量子の位置と速度が決まっていないために、軌跡も確定していない**ということです。つまり、不確定性が正しいなら、（この表現が妥当かどうかは別にして）

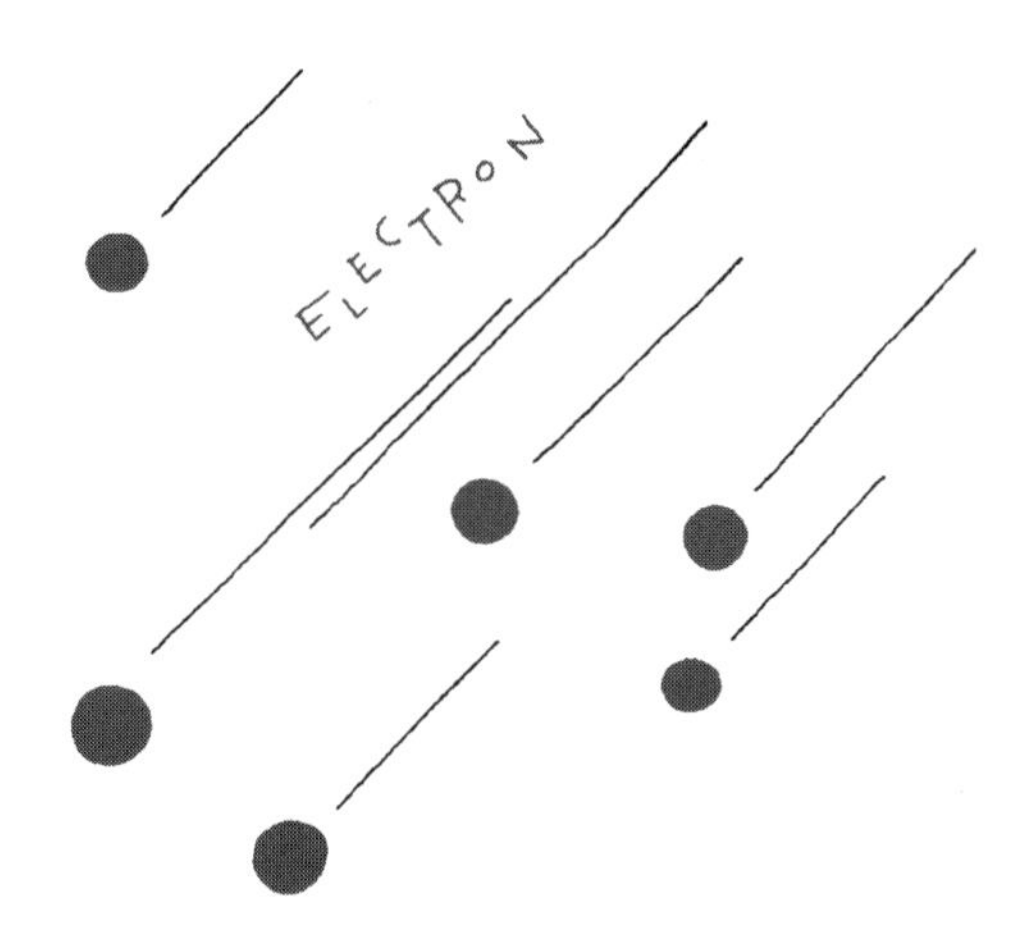

図4-2　「電子が飛んでいる」と聞くと？
小さな粒がどこかを飛んでいる風景が思い浮かぶが……

1個の電子がどんな軌跡を描いて飛んでいるかは神様すら知らないということです。

「わからん！」

悲痛な叫び声が聞こえてくるようです。無理もありません。人は、よくも悪くも（広い意味での）言葉を通じて物事を理解する生き物です。そして、言葉は常にイメージとセットです。例えば、「電子が飛んでいる」という言葉を聞いて思い浮かぶのは、小さな粒がどこかを飛んでいる風景でしょう（図4－2）。この風景の中の電子は、ある瞬間には確実にどこか決まった場所を決まった速度で飛んでいるはずで、「位置の確定していない電子が飛んでいる」というのは表現自体が自己矛盾しています。仮に風景を考えなかったとしても、位置や速度が本質的に「数」で表される以上、その値はどう頑張ってもひとつなので、「本質的な不確定性」という状態自体がそもそも原理的に実現不可能です。「わからん！」という反応はその意味では正しいのです。

一体何が問題なのか落ち着いて考えてみましょう。不確定性関係を額面通り捉えると、「値が確定していない位置や速度」という妙な概念を示唆します。ところが残念なことに、私たちが使う言語にはそのような概念をピタッと表す語彙がありませんし、それに対応する経験的な風景もありません。なので、仕方なく「量子の位置・速度」のように日常用語を借りることになるのですが、その言葉を聞いて通常思い浮かべる風景と概念は、不確定性関係の主張と相容れないのです。使う言葉が暗黙の内に内包している描像と、その言葉を使って言い表したい描像がズレていることが混乱の源と言ってよいでしょう。「不確定性」の理解を阻んでいるのは、私たちの頭にこびりついた「位置や速度はそもそも決まっている」という暗黙の了解にあるということです。**この思い込みを解きほぐす作業こそが、量子を理解するための大切な通過点になります。**

今わかったのは、位置や速度が本質的に「数」で表される以上、位置や速度が不確定な状態そのものが原理的に実現不可能ということです。それでもなお、「量子の本質が位置も速度も本質的な意味で決まっていないものである」という不確定性関係の主張を押し通すなら、「物体の位置や速度は確定している」という前提そのものに踏み込んで、**量子の〝位置〟や〝速度〟は値の決まった数字では表し得ず、したがって、私たちが日常的に使っている「位置」や「速度」とい**

う言葉で括れる概念ではないということを認めなければいけません。ハイゼンベルクの「普通の数で表せないなら、普通じゃない数（行列）で表せばよいじゃない」というアイディアの原点はここにあります。

それ本当？

さて、ここで少し冷静になりましょう。不確定性関係はあくまで思考実験の産物です。「量子の位置や速度は本質的に定まっていない」という主張は、思考実験という名を借りた妄想の産物ではないでしょうか？　ひょっとしたら、ガンマ線顕微鏡の結果は単純に人間が作った測定装置の限界を示しているだけで、本当は、電子の軌跡はちゃんと決まっているのかもしれません。「不確定性」は本当に正しいのでしょうか？

実は、これを確かめるためのうってつけの方法があります。それは、41ページで説明した二重スリット実験です。

二重スリット実験というのは、図2-1（42ページ）のように、ふたつのスリットが開いた場所に波を当てるというシンプルな実験でした。ふたつのスリットを通過した波はスクリーン上で重なり合い、スクリーン上には干渉パターンが生じます。古くはヤングが光を使ってこの実験を行い、予言通りの干渉パターンが生じたことで、光の波動性を持つことがはっきりと認識されたのでした。

当たり前のことですが、干渉パターンが生じるためには、波は両方のスリットを通らなければいけません。こっそりと片方のスリットを塞いでしまったとすると、スリットを通過した波には干渉するパートナーがいなくなるので、スクリーン全体に同じような強さの波が到達するだけで干渉パターンは生じません。逆に言うなら、二重スリット実験で干渉パターンが生じたとしたら、それは波が両方のスリットを通ったことの動かぬ証拠となります。この当たり前の事実を頭の片隅に残しておいてください。

さて、今回、この実験を光ではなくて電子で行います。第2章で述べたように、電子には波の特性があるので、蛍光物質を塗ったスクリーンを用意して、光の代わりに電子ビーム（大量の電子の流れ）を二重スリットに当てれば、スクリーン上には光と同じように干渉パターンが生じます。これ自体は不思議なことではありません。

ですが、量子である電子には粒子の特性が備わっていることを忘れてはいけません。粒子の最大の特徴は1個2個と数えられることです。ですから、電子ビームの出力を絞れば、最終的には電子が1個ずつスリットに向かって飛んでいくようになります。もしも不確定性関係が間違っていて、実際には電子の軌跡が確定していたとしたら、電子は片方のスリットしか通らないはずな

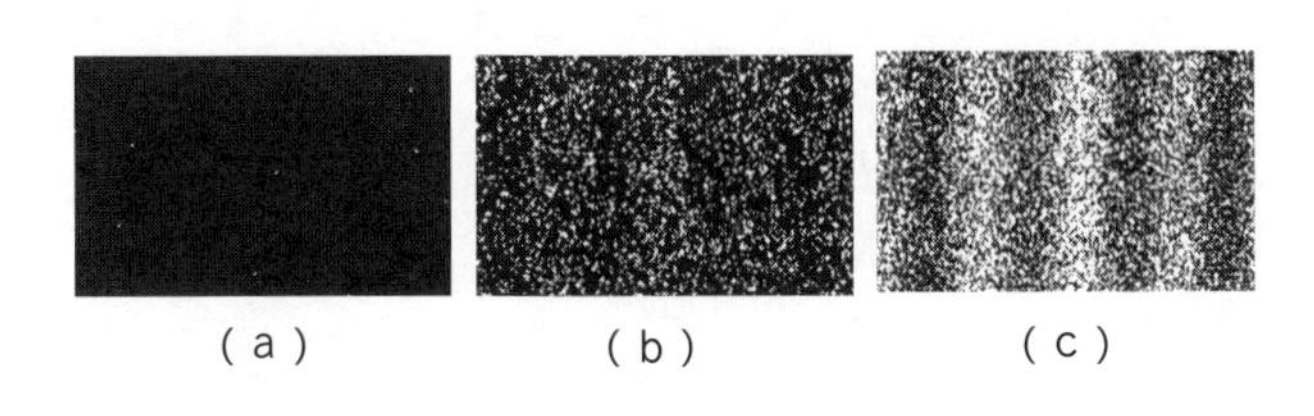

図4-3　電子の二重スリット実験
aからcの順で光点の数が増えるにつれて、縞模様が現れてくる
〈『ゲージ場を見る』（講談社ブルーバックス）より〉

ので、野球ボールを投げたときと同様、干渉パターンは生じないはずです（この場合、電子ビームで生じる干渉パターンは、電子の集団運動が作る波の干渉の結果と解釈されることになります）。実際はどうなるでしょう？

この実験は、電子を1個ずつ飛ばすというデリケートな操作が必要なので、ハイゼンベルクの時代には思考実験でしたが、実験技術が向上した現在では実行可能です。百聞は一見にしかず。結果を見てみましょう。

結果は、図4－3のようになります。スクリーンを眺めていると、電子が当たった場所に光点が現れ、その数がひとつずつ増えていきます。初めのうちはわかりづらいのですが、光点の数が増えるにつれて分布にパターンが生じ、最終的にきれいな縞模様が現れます。これは、大量の電子を含んだ電子ビームを当てたときと全く同じ模様です。

ここで先ほどの注意を思い出しましょう。干渉パターンが生じるためには、両方のスリットを通った波がスクリーン上で重なり合う必要があったのでした。**電子を1個ずつ飛ばしているにもかかわらず干渉パターンを示したということは、1個の電子が両方のスリットを通過したということです！**　もし、電子の軌跡が本当は決まっていたとしたら、こんなことはあり得ません。であれば結論はひとつ。電子の軌跡は本当に決まっておらず、量子の不確定性は現実的な実験でも確認されているということです。

驚きの現実をもうひとつ加えておきましょう。電子を1個ずつ飛ばしつつ、両方のスリットに電子の測定器を取りつけたらどうなるでしょう？　両方のスリットを通過しているなら、ふたつの測定器が同時に反応するのでしょうか？　実際にやってみるとそうはならず、どちらか一方の測定器しか反応しません。電子は1個しか飛んでいないので当たり前と言えば当たり前なのですが、これは「電子が両方のスリットを通過した」という事実と矛盾しないでしょうか？　実は恐ろしいことに、**スリットで電子の測定を行うとスクリーン上の干渉パターンが消えます**。これは、電子がどちらのスリットを通ったかを確認したために、電子がそちらのスリットだけを通ったことが確定し、片方のスリットを閉じたのと同じ状態になってしまうからです。**測定は現実に影響するのです**。私たちが見ている世界はあくまで測定の産物であるということを繰り返し述べてきましたが、測定技術の進歩によって量子が〝観える〟ようになった今、この自然観はますます当たり前のものになっていくことでしょう。

「量子の位置」と「測定された位置」

さて、大変なことになりました。思考実験のみならず、実際の実験までが**1個の量子の位置や速度が本当に決まっていないこと**を示唆しているとなると、これまで自然観を支えてきた「物体の位置や速度は確定している」という暗黙の前提を捨てて、量子の位置や速度に不確定性があるという事実を大真面目に捉えなければいけません。となると、素朴な疑問が頭をもたげます。**位置や速度の値が決まっていないという量子を実際に〝観る〟とどのように見えるのでしょう？**

「位置が決まっていないのなら、モヤモヤした雲のように見えるんじゃないの？」と思うかもしれませんが、そうはなりません。電子の二重スリット実験で見たように、蛍光物質を塗ったスクリーンに電子を当てると、電子の不確定性から予想される範囲がボヤッと光るのではなく、スクリーン上の一点が光ります。電子は一点にあるように見えるのです。一昔前まで電子は通常の粒子だと思われていたのはこのためです。量子の位置や速度は不確定性のために揺らいでいるはずなのに、実際に測定するとその結果はひとつに決まり、まるで通常の粒子のように普通の数で表されます。**位置や速度がぼやけた「不確定な量子の姿」を直接見ることはできないのです。**

このように、量子の不確定性は1回の測定では顔を出しませんが、測定を何度も行うことでその姿を現します。実際、量子の位置を測定する実験を同じ条件で何度も行ったとしても、量子の位置が決まっていないために、前と同じ場所に量子が見つかるとは限りません。これが、不確定性関係の中の「その測定値には必ず不確定性程度のばらつきがある」という文言の意味です。電子の二重スリット実験のときに、同じように電子を当てても光点が現れる場所が毎回違ったのはそのためです。

これは一体どのように理解したらよいでしょう？　実は、この疑問こそが量子力学の根底に流れる自然観と直結しています。

冒頭で、私たちが普段見ている景色は五感という観測装置によってもたらされたデータを元に脳が作り上げた「外界の想像図」であると述べましたが、これは五感に限った話ではありません。肉体に備わった五感を使うにせよ、精密な電子機器を使うにせよ、何かを認識したければ、私たちは必ず何らかの形で自然界に働きかけてその応答を読み取る必要があります。逆に、何物とも相互作用しない物体があったとしたら、その物体は原理的に感知できないので、存在しないのと同じことです。何度も述べているように、私たちが認識している世界は、物体への働きかけとその応答、すなわち、広い意味での測定の産物です。

これは「位置」や「速度」のような基本的な概念でも同じです。私たちは普段、物体に当たった可視光線の情報から物体の位置を知ります。これは立派な測定です。ガンマ線顕微鏡を使って読み取られた電子の位置は、電子と相互作用して跳ね返ったガンマ線の角度から類推されたものです。これもまた測定です。私たちが普段「位置」とか「速度」と呼んでいる概念は、正確に言うなら「測定された位置」「測定された速度」と言うべきものです。

普段の生活ではこんなややこしいことを言う必要はありません。なぜなら、日常を支えている古典物理学的な世界観では、ものは決まった位置を決まった速度で動いていて、測定とはその決まっている量を読み取る作業だからです。であれば、「測定の結果粒子が机の上に見えた」ということは「粒子が机の上にあった」ということと同じ意味なので、「粒子の位置」と「測定された粒子の位置」は同じものと考えても一向に構いません。

ですが、量子の位置や速度が不確定であるとわかった今、話は大きく変わります。例えば測定の結果として机の上に電子が見えたとしましょう。古典物理学では、これは「仮に測定していなくても電子は机の上にあった」と同じ意味ですが、これは間違いです。電子の位置は不確定なので、机の上に電子が見えたのは〝偶然〟です。実際、位置が決まっていないのだから、全く同じ条件で電子を見たとしても電子が見える場所は毎回変わるでしょう。電子が見えたからといって「測定しなくてもそこに電子があったのだ」と考えてはいけないのです。あくまで「電子の場所は決まっていなかったが、今回は机の上に見えた」というだけ。私たちにできるのは、せいぜい、同じ条件で何度も測定を繰り返して「電子がどのあたりに見つかりやすいか」という位置の分布を読み取ることだけです。このように、**不確定性が前提となる世界では「量子の位置」と「測定された量子の位置」は違う概念になります。**ということは、量子の理論を作るとしたら、「量子が本来持っている不確定性を内包した位置や速度」と、「量子を測定したときに得られる普通の数としての位置や速度」を分けて考える必要があります。これが、古典物理学と量子物理学の極めて大きな違いのひとつです。

量子の自然観

くどいようですが、大切なので繰り返させてください。量子の測定値が毎回変わるのは、人間の測定の都合で生じる誤差のためではなく、量子が本質的に不確定性を内包しているためです。そのような量子は、古典物理学の粒子のように「確定した位置や速度を持つ状態」ではなく、「位置も速度も不確定な状態」にあると考えざるを得ません。ということは、**量子の状態には確定した物理量の情報がそもそも含まれておらず、古典物理学のように1回の測定で得られる値を完璧に予言することは原理的に不可能**ということになります。だからこそ、机の上に電子が見えたのは偶然なのです。

1回の測定値を予言することができないのなら、量子というのは全く予測のつかない無法状態にいるのでしょうか？　もちろんそうではありません。電子の二重スリット実験で、測定を何度も繰り返した結果として干渉パターンが見えたように、同じ条件で何度も測定を繰り返すと、測定されやすい値、測定されにくい値がわかってきます。これは「測定値の分布」です。この分布がわかると、1回の測定値そのものは予言できなくても、1回の測定でどの値がどのくらいの確率で出るかを予言できます。表と裏に偏りのあるコインを投げたとき、次の回に表が出るか裏が出るかを言い当てることはできないけれど、何度もコインを投げることで表が出る確率を読み取れるのと似ています。

これはつまり、**量子の状態には、位置や速度の確定値ではなく、それらの分布の情報だけが含まれていることを示唆しています。そして、分布の情報とは、突き詰めて考えれば平均や分散に代表される「統計量」に他なりません。つまり、量子の状態から読み取れるのは量子の分布に付随した統計量のみである**、ということになります。

まとめると次のようになります。

- **量子の位置や速度は確定した値を持たないために「量子本来の位置や速度」を普通の数で表すことはできない。**
- **量子を観測して得られる「測定された位置や速度」は普通の数で表される。**

・同じ条件で測定したとしても、その測定値には不確定性に由来するばらつきがあり、実際の測定でどの値が得られるかはあくまで確率の問題となる。

・量子の理論は、1回の測定で得られる物理量を予言することは原理的にできないが、物理量の分布に付随した、平均や分散のような統計量ならば予言できる。

これが、不確定性関係が示唆する量子の自然観です。

さあ、今度こそ準備が整いました。改めて問います。量子の「位置」や「速度」とは何でしょう？　ハイゼンベルクは、ガンマ線顕微鏡を始めとする思考実験を通じて不確定性関係に辿り着き、そこから量子の自然観に辿り着きました。そしてその慧眼は、量子の位置と運動量を行列で表現することで、ここで挙げた量子の自然観が自動的に満たされることを見抜いたのです。「行列力学」の誕生です[※1]。

行列力学を構成することで、これまで抽象的だった量子の自然観が一気に具体性を帯びます。ですが、ニュートン力学を理解するために実数の概念が必要だったように、行列力学を理解するためにはどうしても「行列とベクトル」の概念が必要です。「はじめに」で述べた「正しい経験を積むために必要な数学」のひとつですね。そこで、少しの間量子を離れ、行列とはどういうものかを確認することから始めましょ

※1　もっとも、歴史的な経緯はもう少し複雑です。ここで述べたことはハイゼンベルクのアイディアを後の時代の知識を使って整理したものと理解して下さい。

う。ここに出てくる計算は簡単ですから、ぜひ、紙とペンを手に取って実際に確かめながら読み進めてみてください。この地道な作業は、間違いなく、量子を理解するための骨太な土台を養ってくれます。

そもそも行列って？

行列というのは別に難しいものではなくて$\begin{pmatrix}1&2\\3&4\end{pmatrix}$のように数字が縦と横に並んだものです。たったこれだけのものが、あらゆる自然科学を根幹で支える「線形代数学」という数学の一分野の中核なのですが、今の文脈で大切なのは、

①　行列はベクトルの変形（一次変換）を表現している。
②　行列のかけ算は順番を入れ替えると結果が変わる。
③　内積で「行列の成分」がわかる。

の3点だけです。これらを順番に見ていきましょう。

既に登場したように、ベクトルというのは（2，0，1…）のように数字がいくつか並んだものです。第1章で物体の位置や速度を表すために使った3次元ベクトルはもちろんその一例です

が、並ぶ数字の数は3個である必要はありません。2個でも4個でも、望むなら1億個でも構いません。数学ではこの数のことを「次元」と呼びます。もちろん、私たちが暮らしている3次元空間と混同してはいけません。

行列はベクトルを別のベクトルに変形することを考えると自然に誕生します。簡単な例として2次元ベクトル(x, y)を考えましょう。このx、yをベクトルの「成分」と言います。単純に「ベクトルの変形」と聞いて思いつくことはいろいろありますが、新しいことを始めるときの鉄則はなるべく簡単な状況を考えることです。

一番簡単なのは(x, y)を$(2x, 2y)$に変える「定数倍」の変形です。以下、これを$(x, y) \to (2x, 2y)$のように矢印を使って表すことにしましょう。これはさすがに簡単すぎるので、$(x, y) \to (4x, 5y)$のように各成分に別々の倍率を設定してもよいでしょう。これも立派な変形です。ベクトルの成分を混ぜるのも考えやすい変形です。最も簡単なのは$(x, y) \to (x+y, y)$のようにある成分を別の成分に足す変形ですが、これも少々簡単すぎるので、「他の成分を定数倍して加える」とするともう少し一般的になります。$(x, y) \to (x, y+3x)$や$(x, y) \to (x+2y, y)$といった具合です。または、$(x, y) \to (y, x)$のように成分を入れ替えるのもよいでしょう。

今挙げた変形を何度も繰り返したらどうなるでしょう？　どれをどの順番で繰り返してもいい

のですが、ちょっと考えると、どう頑張っても $(x, y) \to (ax+by, cx+dy)$ のように各成分が x と y の一次式にしかならないことがわかります。このような変形は「一次変換」と呼ばれます。そして、これが大事なのですが、このような変換を何回繰り返しても、成分には x と y の一次式しか現れません。**一次変換は何度繰り返しても一次変換**ということです。

すると、一次変換 $(x, y) \to (ax+by, cx+dy)$ を特徴づけるのは4つの数 a、b、c、d であることがわかります。そこで、これらを $\begin{pmatrix} a & b \\ c & d \end{pmatrix}$ のように配置してこの一次変換を表現することにします。これが行列です。この例で行列の大きさが2行2列になったのは、考えているベクトルが2次元だったからで、もしも3次元ベクトルの一次変換なら3行3列行列、1億次元ベクトルの一次変換なら1億行1億列行列で表現されます。このように現れた行列 $\begin{pmatrix} a & b \\ c & d \end{pmatrix}$ を構成している a、b、c、d のような数もまた、その行列の「成分」と呼ばれます。蛇足ですが、ベクトルが1次元なら行列は1個の成分しか持たないので、ただの数です。その意味で、行列というのは数の拡張にもなっています。

このように、**行列というのは「ベクトルの一次変換そのもの」と言ってもよい存在**です。この「ベクトルに一次変換という演算を引き起こすもの」という意味を汲んで、行列は別名「演算子」と呼ばれることもあります。

もし、欲を出してもう少し複雑な変形を取り入れてしまうと、問題は途端に難しくなります。

例えば（x，y）→（x^2，y）のような2次式の変形まで考えたとすると、この変換を2回繰り返すと（x^4，y）のように4次式が登場することからもわかる通り、変形は2次式では収まらなくなり、話が一気に複雑になります。一次変換は、簡単すぎず難しすぎない絶妙な変形なのです。

行列のかけ算

一次変換と行列の関係がわかると、行列のかけ算も自然に理解できます。例えば2種類の一次変換fとgがあったとしましょう。一次変換は何回繰り返しても一次変換なので、ベクトルに変換gを施してから変換fを施すという一連の変形（$f \circ g$と表します）も一次変換です。ここで、一次変換f、gに対応する行列をそれぞれF、Gとすると、これらの積FGは一次変換$f \circ g$に対応させるのが最も自然でしょう。《数式が多いので、この部分は横書きでお話しします。》

$\begin{pmatrix} p & q \\ r & s \end{pmatrix}$ に適用すると、まずGが（x,y）を（$px+qy$, $rx+sy$）に変形し、これをFが（$(ap+br)x+(aq+bs)y$, $(cp+dr)x+(cq+ds)y$）に変形するので、

$$FG = \begin{pmatrix} ap+br & aq+bs \\ cp+dr & cq+ds \end{pmatrix}$$

となることがわかります。

高校でこのルールだけを勉強した方もいると思いますが、一見ややこしく見える**行列のかけ算ルールは、一次変換を順番に作用させるという自然な操作を反映したもの**であることがわかります。

ここで、例に挙げたf：$(x, y) \to (2x, y)$、g：$(x, y) \to (y, x)$を、先ほどとは逆の順序で作用させる$g \circ f$なる一次変換を考えてみましょう。実際にやってみると、$(x, y) \to (y, 2x)$となることがわかります。$f \circ g$は$(x, y) \to (2y, x)$でしたから、$g \circ f$は$f \circ g$とは違う一次変換であることがわかります。これはFGとGFが異なる行列であることを意味します。**行列のかけ算は順番を入れ替えると結果が変わる**のです。

この結果は、2×3＝3×2＝6のような普通の数のかけ算に慣れていると意外に感じるかもしれませんが、行列が変形という操作（演算）を表しているのだとわかれば

例えば、fを$(x,y) \to (2x,y)$、gを$(x,y) \to (y,x)$としましょう。最初にgが作用して$(x,y) \to (y,x)$となり、続いてfが作用して$(2y,x)$となるので、$f \circ g$は$(x,y) \to (2y,x)$という一次変換です。f、gに対応する行列はそれぞれ$F=\begin{pmatrix} 2 & 0 \\ 0 & 1 \end{pmatrix}$、$G=\begin{pmatrix} 0 & 1 \\ 1 & 0 \end{pmatrix}$なので、この結果は$FG=\begin{pmatrix} 0 & 2 \\ 1 & 0 \end{pmatrix}$であることを意味しています。今のプロセスを行列$F=\begin{pmatrix} a & b \\ c & d \end{pmatrix}$と$G=$

図4-4　行列のかけ算は順番を入れ替えると結果が変わる
fが「靴を履く」、gが「靴下を履く」という操作を表しているとすると、右の$f \circ g$は常識的な風景ですが、左の$g \circ f$はおかしなことに……

さほど意外なものではありません。有名な喩えですが、fが「靴を履く」、gが「靴下を履く」という操作を表しているとすると、$f \circ g$は常識的な風景になりますが、$g \circ f$はジョークのような風景を生みます（図4-4）。操作は順番が大事なのです。この事実が、のちほど不確定性関係を表現するときに中心的な役割を果たすことになります。

ベクトルの内積が意味すること

続いて、ふたつのベクトル$\vec{v}=(a, b)$、$\vec{w}=(x, y)$の「内積」という概念をご紹介しましょう。ただし、後で量子の文脈で使うことを考えて、成分はすべて$a=\alpha+i\beta$（iは虚数単位：$i^2=-1$）の形に書ける複素数としましょう。このとき、$\vec{v}$と$\vec{w}$の内積は$\vec{v}^\dagger\vec{w}=a^*x+b^*y$と定義されます。ここで、$a=\alpha+i\beta$なら$a^*=\alpha-i\beta$で、$a^*$は$a$の複素共役と呼ばれます。$\vec{v}^\dagger$の右肩の「†」（ダガー）は$\vec{v}$の成分を複素共役にする記号というわけです※2。

なぜこんなものを考えるかというと、すぐ後で、行列がベクトルに及ぼす「影響力」を見積もるために必要だからです。この操作が、量子力学における行列と測定値の対応を与えてくれます。

何はともあれ、まずは内積の意味を確認しましょう。まず大切なのは、自分自身との内積はベクトルの長さの二乗になることです。これは、$\vec{v}^\dagger\vec{v}=|a|^2+|b|^2$となることから直接確かめられます。

次に、異なる2つのベクトルの内積について考えてみましょう。例として、一般的なベクトル$\vec{v}=(a, b)$と、ふたつの特別なベクトル$\vec{e}_1=(1, 0)$と$\vec{e}_2=(0, 1)$を考えます。成分を見比べると、$\vec{v}$は$\vec{e}_1$と$\vec{e}_2$を使って$\vec{v}=a\vec{e}_1+b\vec{e}_2$と書き直せることがわかりますね。この簡単な書き換えが案外大切で、**$\vec{v}$というベクトルは、$\vec{e}_1$と$\vec{e}_2$がそれぞれa、bという割合で重なり合って作られている**ことを教えてくれます。

※2　より正確には、“†”は複素共役を取りつつ、縦ベクトルと横ベクトルを入れ替える「エルミート共役」を表します。本文では、縦書きの制限のために縦ベクトルと横ベクトルの区別ができませんが、気になる方は$\vec{v}$のように書いたら縦ベクトルと考えてください。詳しくは付録を参照してください。

こうして見ると、ベクトルの成分a、bとは、ベクトル$\vec{v}$と基準となるベクトル（今の場合なら$\vec{e}_1$、$\vec{e}_2$）との「重なり具合」を表していることがわかります。一方、先ほどの内積の定義（$\vec{v}^\dagger\vec{w} = a^*x + b^*y$）を使うと、$\vec{e}_1^\dagger\vec{v} = a$、$\vec{e}_2^\dagger\vec{v} = b$のように、**内積によって基準になるベクトルとの成分が計算できます。**ベクトルの成分は、基準となるベクトルの重なり具合に他ならないというわけです。ただし、細かい注意点ですが、内積が成分と一致するためには基準となるベクトル（$\vec{e}_1$と$\vec{e}_2$）の長さが1であることが重要です。

基準となるベクトルは、別に$\vec{e}_1$や$\vec{e}_2$のような特別なものである必要はありません。内積の考え方を使えば、もっと一般的な（長さ1の）ベクトル$\vec{e}$に関して「ベクトル$\vec{v}$と$\vec{e}$の重なり具合」が計算できます。例えば$\vec{e} = (0.6, 0.8)$とすると、$\vec{v}$と$\vec{e}$の重なり具合は$\vec{e}^\dagger\vec{v} = 0.6a + 0.8b$です。$a$（$b$）がベクトル$\vec{v}$の$\vec{e}_1$（$\vec{e}_2$）成分であったのと同じように、これは「ベクトル$\vec{v}$の$\vec{e}$成分」とも呼ばれます。まとめるなら、内積とはふたつのベクトルの重なり具合、すなわち成分を見る操作です。

行列の成分と内積

内積の意味が確認できたので、次に行列$\hat{A}$と（長さ1の）ベクトル$\vec{e}$を考えましょう。行列は一次変換そのものなので、$\hat{A}\vec{e}$は一次変換$\hat{A}$によって$\vec{e}$が変形されたものです。

ここで、変形されたベクトル$\hat{A}\vec{e}$と元のベクトル$\vec{e}$との内積$\vec{e}^{\dagger}\hat{A}\vec{e}$を取ってみます。内積は基準になるベクトルとの「重なり具合」を表すのでした。とすると、この内積は、「$\hat{A}$によって変形されたベクトルが元のベクトル$\vec{e}$の成分をどのくらいの割合で残しているか」を表していることになります。この値は、言うなれば「行列$\hat{A}$の$\vec{e}$への影響力」です。極端な話、行列$\hat{A}$がベクトル$\vec{e}$を完全に消し去ってしまうような作用をするなら、$\vec{e}^{\dagger}\hat{A}\vec{e}=0$です。逆に、$\hat{A}$が$\vec{e}$にものすごく強く作用する一次変換だったとすると、$\vec{e}^{\dagger}\hat{A}\vec{e}$は大変大きな値になるはずです。こうした様子を見ると、$\vec{e}^{\dagger}\hat{A}\vec{e}$**は、行列$\hat{A}$がベクトル$\vec{e}$にどの程度強く作用するか**を表していることがわかります。これを**「行列$\hat{A}$の$\vec{e}$成分」と呼びます**。

これを「成分」と呼ぶ理由は、具体例を見るとはっきりします。$\hat{A}=\begin{pmatrix} a & b \\ c & d \end{pmatrix}$、$\vec{e}=(1, 0)$としてみましょう。計算してみると$\vec{e}^{\dagger}\hat{A}\vec{e}=a$となります。これは行列$\hat{A}$の(1,1)成分に他なりません。ベクトルの内積がベクトルの成分を抜き出したように、行列に対して内積を用いると行列の成分を抜き出せるのです。そして、この一連の計算から、行列の成分には「基準となるベクトルへの影響力」という意味があることが見て取れます。この節の冒頭で予告したように、これはすぐ後で測定値と物理量の話をするときに重要な役割を果たすことになります。

位置と運動量を表す行列／量子の状態を表すベクトル

さあ、必要な数学的な概念が整いました。私たちは今や、ハイゼンベルクのアイディアをはっきりと理解できるステージにいます。

先述の通り、位置や速度（運動量）が通常の数で表せないのなら行列で表してしまおう、というのがハイゼンベルクのアイディアの骨子でした。今説明したように、行列は本質的にベクトルに作用する存在です。ならば、行列で表現された位置や運動量が作用するベクトルとは何か。もう勿体を付ける必要はないですね。このベクトルこそが「位置や速度の分布」という情報を担う量子の状態そのもので、その名も「**状態ベクトル**」と呼ばれます。不確定性関係を認めるなら、私たちが予言できるのは位置や運動量の平均や分散のような統計量だけなのでした。すなわち、**行列で表された位置や運動量とベクトルで表現される量子の状態（分布）を使って、測定される物理量の統計量を計算する**のがハイゼンベルク流の量子力学です。その内容を順番に見ていきましょう。

物理量の期待値は行列の成分——現実と行列の交差点

例えば、行列で表された「位置（$\hat{X}$）」と、ベクトルで表された「量子状態（状態ベクトル）（$\vec{\psi}$）」があったとしましょう。ちなみにψは「プサイ」と読みます。状態ベクトルはこのギリシャ文字を使って表すのが古くからの伝統です。$\vec{\psi}$の長さはあまり重要でないので、通常は1に揃えます。行列の本質はベクトルを変形することなのでした。当然、位置行列$\hat{X}$は状態ベクトル$\vec{\psi}$に作用して、「位置行列$\hat{X}$の作用によって変形された状態ベクトル」$\hat{X}\vec{\psi}$を生み出します。量子力学では、これは「**位置を測定した後の量子状態**」と考えます※3。電子の二重スリット実験で、どちらのスリットを通ったかを確認すると干渉パターンが消えたように、量子の世界では測定という行為自体が状態を変化させるのです。

位置行列$\hat{X}$の作用によって、状態ベクトル$\vec{\psi}$はどの程度影響を受けたでしょう？　行列の一般論を思い出すと、これは行列の$\vec{\psi}$成分、すなわち、変形されたベクトルと元のベクトルの内積$\vec{\psi}^{\dagger}\hat{X}\vec{\psi}$として評価できるのでした。**この数学的な概念に物理の息吹をもたらすのが、「位置行列の$\vec{\psi}$成分を位置の期待値（測定値の平均値）と解釈する」という指導原理です。**これは他の物理量でも同様で、一般に行列$\hat{A}$で表される物理量の$\vec{\psi}$成分（記号がややこしくなるので、今後シンプルに$\langle\hat{A}\rangle$と書くことにしましょう）を、物理量$\hat{A}$の期待値と解釈します。

※3　現代的な測定理論の立場からするとこの解釈には多少語弊があるのですが、初学のうちは大雑把にとらえることも重要です。

不確定性は平均値からのズレ具合

この考え方を使うと、不確定性の大きさも具体的に計算できます。そもそも、不確定性があるということは、1回1回の測定結果が平均値と違うということです（もしも値が確定していたら、測定値は毎回同じ値になるので、平均値と測定値は一致します）。そして、分布の広がりが大きければ大きいほど、1回1回の測定値は平均値から大きく外れるはず。ということは、**物理量$\hat{A}$の不確定性とは平均値からのズレ具合に他なりません。**ただ、測定値と平均値の差はプラスにもマイナスにもなり、単純な期待値　$\langle \hat{A}-\langle \hat{A}\rangle \rangle$　はゼロになってしまいます。そこでズレを二乗して正の値にした量の期待値を計算することにします。すなわち、不確定性をΔAとすると$(\Delta A)^2=\langle (\hat{A}-\langle \hat{A}\rangle)^2\rangle$　です。統計の言葉を使うなら、これは「分散」そのものです。

このように、行列で表された物理量と量子状態を表す状態ベクトルを使って、その物理量を測定したときの平均値や分散のような統計量を読み取るのが、行列を使って量子を取り扱う際の処方箋です。特に、行列を導入したことで、物理量が持つ不確定性が、分散という形でさも当たり前のように現れている点は強調したいところです。なにしろこれは、物理量を普通の数で表していたら実現不可能だったのですから。

不確定性関係と行列の関係

ところで、不確定性関係は、位置や運動量が不確定性を持つことだけでなく、その不確定性の積がプランク定数程度以上になることも主張しています。これもまた、位置や速度が行列だと仮定すると素直に理解できます。

例えば電子の位置を測定したとしましょう。測定とはできる限り正確に物理量を特定しようとする行為なので、位置を測定すると位置の不確定性は小さくなります。例えば、電子の二重スリット実験でどちらのスリットを通ったかを確認すると干渉パターンが消えたのは、測定の結果として電子の位置が片方のスリットに限定されたためです。すると、不確定性関係のために電子の運動量は測定前よりも不確定になります。「位置の測定」という行為そのものが運動量の情報を変えてしまうのです。これは逆も同様で、運動量の測定を行うと位置が不確定になります。そのため、電子の位置と運動量を両方測定したとき、位置を測定してから運動量を測定した結果と、運動量を測定してから位置を測定した結果はどうしても違ってしまいます。

ここで、行列$\hat{A}$が作用した状態ベクトル$\hat{A}\vec{\psi}$が「物理量$\hat{A}$を測定した量子状態」を表していることを思い出しましょう。位置を表す行列を$\hat{X}$、運動量を表す行列を$\hat{P}$とすると、「位置を測定→運動量を測定」の状態は$\hat{P}\hat{X}\vec{\psi}$、逆に、「運動量を測定→位置を測定」の状態は$\hat{X}\hat{P}\vec{\psi}$です。

測定の順番を変えると結果が違うということは、$\hat{X}\hat{P}\vec{\psi} \neq \hat{P}\hat{X}\vec{\psi}$を意味します。つまり、**不確定性関係を認める限り、位置行列$\hat{X}$と運動量行列$\hat{P}$のかけ算は決して交換できない**のです。かけ算が交換できないというのは、普通の数では決して実現できません。これもまた、位置や速度を行列で表したからこそ実現できたことです。

では、$\hat{X}\hat{P}$と$\hat{P}\hat{X}$はどのくらい違うのでしょう？　ここでキーになるのがプランク定数です。「位置の不確定性と運動量の不確定性の積がプランク定数程度以上になる」ということは、位置行列$\hat{X}$と運動量行列$\hat{P}$の間には、必ず何らかの形でプランク定数（h）を通じた関係があるはずです。これを受けて、ハイゼンベルクは次のような仮説を提唱しました。

> 位置行列$\hat{X}$と運動量行列$\hat{P}$のかけ算の差はプランク定数（を2πで割ったもの）になる。

数式で書くなら$\hat{X}\hat{P}-\hat{P}\hat{X}=i\hbar$です。ただし、$\hbar=h/2\pi$です※4。今では「**正準交換関係**」と呼ばれる、量子力学の基本原理のひとつです。

正準交換関係が成り立つとすると、「位置→運動量」の順番で測定した結果（$\hat{P}\hat{X}$

※4　唐突に出てくる虚数単位に違和感を覚えるかも知れませんが、これは位置や運動量の期待値が実数になることから自然に現れます。詳しくは巻末の付録を参照してください。プランク定数を2πで割るのは、フーリエ変換と呼ばれる数学に関係しますが、説明は省略します。

$\vec{\psi}$）と、「運動量→位置」の順番で測定した結果（$\hat{X}\hat{P}\vec{\psi}$）にはプランク定数程度の差が出ます。これは、「位置→運動量」という順番で測定した結果と「運動量→位置」という順番で測定した結果がプランク定数程度は異なるということを意味しています。つまり、位置の測定が運動量の情報を乱し、運動量の測定が位置の情報を乱すということです。なぜなら、もし位置と運動量がお互いの情報を乱すことなく測定できるとしたら、位置の測定と運動量の測定は順序を変えても結果には影響を与えないからです。これは $\hat{X}\hat{P}=\hat{P}\hat{X}$ であることを意味しているので、正準交換関係に反します。結果、正準交換関係が成り立つなら、位置と運動量を同時に測定すると、測定の順序に由来する不定性のために必ずどちらかの情報が乱されて、その結果にはプランク定数程度の不確定性が残ることになります。これは不確定性関係の主張にピタリと一致します。**正準交換関係と不確定性関係は表裏一体**なのです。ここでは言葉で説明しましたが、正準交換関係を満たすとすると、位置と運動量の不確定性（分散）ΔXとΔPが$\Delta X\times\Delta P\geqq\hbar/2$となることが数学的に証明できます。興味のある方は巻末の付録を参照してください。

行列力学の処方箋

このように、位置と運動量を行列で表し、量子の状態をベクトルで表すこのやり方を採用すると、古典物理学の表し方ではどう頑張っても達成できなかった不確定性関係が自然に実現されます。量子を表現するための器がついに整ったのです。

この器はとてつもなく巨大です。例えば、量子の速度が完全に確定したとしましょう。これは、運動量の不確定性ΔPがゼロという状況です。すると、不確定性関係$\Delta X \times \Delta P \geqq \hbar/2$から、$\Delta X$（位置の不確定性）は無限大になるので、その量子はあらゆる場所に同時存在し、宇宙のあらゆる場所に見つかる可能性があります。そんな量子の状態を表すためには宇宙のすべての点の情報が必要なので、状態ベクトルは無限次元のベクトルです！　そんな量子を、ただの「数」で表現するのは全く不可能です。前期量子論がうまくいかなかった理由はここにあります。

さて、古典でも量子でも、力学の目的は、ある時刻に物体がどこにいて、どのくらいの速さで動いているのかを予言することです。ハイゼンベルクが想定した量子は位置と運動量が行列で表されるので、**ある時刻に位置や運動量がどんな行列になっているかを正しく予言できれば量子力学の完成**というわけです。

古典力学の場合、それを可能にしたのはニュートンの運動方程式でした。量子の世界で同じ役割を果たすのが、ハイゼンベルクがある種の心眼で見抜いた量子の運動方程式、その名も「ハイゼンベルク方程式」です。この運動方程式を解いて位置行列と運動量行列を求め、そこから計算される統計量を通じて量子の運動を理解する量子力学が、度々名前だけが登場していた**行列力学**

① 正準交換関係

$$[\hat{X}(t), \hat{P}(t)] = i\hbar$$

$$([\hat{A},\ \hat{B}] = \hat{A}\hat{B} - \hat{B}\hat{A} : \text{交換子})$$

② ハミルトニアン

$$\hat{H} = \frac{\hat{P}(t)^2}{2m} + V(\hat{X}(t))$$

③ ハイゼンベルク方程式

$$-i\hbar \frac{d}{dt}\hat{A}(t) = [\hat{H}, \hat{A}(t)]$$

④ 物理量の期待値

$$\langle \hat{A}(t) \rangle = \vec{\psi}_0^{\dagger} \hat{A}(t)\, \vec{\psi}_0$$

$(\vec{\psi}_0$は状態ベクトル)

図4-5　行列力学の処方箋
ただし、$\hat{A}(t)$は$\hat{X}(t)$と$\hat{P}(t)$から作られる行列で一般的な物理量を表す

です。

　実は、ここまで準備が進んでいれば、ハイゼンベルク方程式を詳細に説明し、例えば電子の運動を実際に解析してみせるのはさほど難しいことではありません。ですが、その方向性は標準的な量子力学の教科書に任せることにして、ここでは行列力学の全体像を眺め、その中に量子の自然観が凝縮されている様子を見ることにしましょう。

　図４－５が行列力学の〝処方箋〟です。表示を簡単にするために、量子が１方向にし

か動かないような状況に限定しましたが、本来の3方向に動く場合でも本質的には同じです。ややこしい数式が並んでいるように見えるかもしれませんが、心配ご無用です。ここで大切なのは式の詳細ではなく、それぞれの式がどんな自然観を表現しているかという部分です。

まず大前提として、行列力学では位置と運動量が時間変化する行列で表現されます。それが$\hat{X}(t)$と$\hat{P}(t)$です。ニュートン力学では位置と運動量は時間変化する普通の数で表現されますが、行列力学では「普通の数」が「行列」に格上げされています。

位置と運動量が不確定性関係を満足するには、位置行列と運動量行列はすべての時刻で正準交換関係を満たさなければいけません。それを表すのが図4－5の①です。「行列のかけ算を入れ替えて差を取る」という操作を、「交換子」と呼ばれるカギ括弧記号［●，●］を使って表しています。すべての時刻で正準交換関係を満たすのは一見難しそうですが、後で登場するハイゼンベルク方程式を満たす限り、ある時刻で正準交換関係が満たされていればどんな時刻でも正準交換関係が成り立つことが示せるので、出発点となる時刻で正準交換関係が成り立っていれば十分です。

図4－5の②で、「ハミルトニアン」なる行列が登場しました。意味不明なものが突然現れて面食らうかもしれませんが、これは古典力学にも登場する重要な量で、エネルギーに相当します。実際、位置と運動量が行列であることを気にしなければ、最初の項$\frac{\hat{P}^2}{2m}$は運動エネルギ

し、第2項の$V(\hat{X})$はポテンシャル（位置エネルギー）です。$V(\hat{X})$の形は量子にどんな力が働くかで変わります。実は、古典力学を詳しく調べると、ハミルトニアン（エネルギー）と時間は密接に関連していて、ハミルトニアンは物理量の時間変化を誘導します（詳細に興味のある方は巻末の付録を参照してください）。ハイゼンベルクは、**古典力学で成り立っているハミルトニアンと時間変化の関係がそのまま量子の運動にも成り立つだろう**、と考えたのです。

そうして辿り着いたのが、図4-5の③、**ハイゼンベルク方程式**です。行列$\hat{A}(t)$は一般に物理量を表す行列で、位置行列$\hat{X}(t)$と運動量行列$\hat{P}(t)$を組み合わせて作られた行列を想定しています。もちろん位置や運動量そのものと思っても構いません。

ハイゼンベルク方程式の左辺では物理量$\hat{A}(t)$を時間で微分しています。29ページで説明した通り、一般に関数$f(t)$の微分$\frac{df}{dt}$は「$f(t)$の変化の速さ」、すなわち「tがちょこっとだけ経ったときの$f(t)$の変化（率）」を表します。したがって、ハイゼンベルク方程式の左辺は「ちょこっとだけ時間が経ったときの行列$\hat{A}(t)$の変化（率）」という意味を持ちます。一方、右辺はハミルトニアン$\hat{H}$と行列$\hat{A}(t)$との交換子です。つまり、**ちょっとだけ時間が経ったときの物理量の変化を知りたければ、ハミルトニアンと物理量の交換子を計算しなさい**というのがハイゼンベルク方程式の意味です。したがって、出発点の時刻（$t=0$）での行列$\hat{A}(0)$に交換子を使って計算した変化分を加えれば「時間がちょっと（δt）だけ経った後の行列$\hat{A}(\delta t)$」が求められます[※5]。これを何度も繰り返せば、任意の時刻での行列 $\hat{A}(t)$ が求められます。

　これで安心してはいけません。確かに、任意の時刻での物理量（位置や速度）を予言する、という目的はこれで達成されましたが、量子力学の自然観では「量子本来の物理量」と「測定される物理量」は違うものであることを忘れてはいけません。私たちが自然界から読み取れるのは普通の数で表される「測定される物理量」の方で、量子力学で予言できるのはその期待値だけです。そして、（長さ1の）状態ベクトルを $\vec{\psi}_0$ としたとき、物理量 $\hat{A}(t)$ の期待値は行列 $\hat{A}(t)$ の $\vec{\psi}_0$ 成分で与えられると考えるのがハイゼンベルク流なのでした。それを表現したのが図4－5の④です。

　まとめるなら、**正準交換関係を満たす位置行列と運動量行列を用意し、考えている状況に合わせてハミルトニアンを構成し、そこから導かれるハイゼンベルク方程式を解いて任意の時刻における物理量行列を計算し、状態ベクトルに関する行列の成分を計算して物理量の期待値を予言するのが行列力学です。**この手続きそのものに、先述の量子の自然観が色濃く表れていることが見てとれるでしょう。こうして、任意の時刻での位置や運動量（の統計量）を予言するという力学の目的が達成されます。

　大切なのは、この手続きに従うことで、量子が関わるあらゆる自然現象が正確に予言できるという事実です。水素原子からの発光スペクトルは言うまでもなく、前期量子論では正しく計算で

※5　式で書くなら $\hat{A}(t+\delta t)\simeq\hat{A}(t)+i\frac{\delta t}{\hbar}[\hat{H},\hat{A}(t)]$ です。

きなかった他の原子・分子からの発光スペクトルも正しく計算できます（もちろん、計算があまりに複雑な場合には、適切な近似をしたり、コンピュータを使ったりする必要はありますが）。これは、行列力学が自然界の説明体系として正しく機能していることを示しており、それと同時に、位置や速度は本当の意味で値が定まらず、行列によって表されるような存在であるという驚くべき仮説が科学の意味で正しいことの証明でもあります。ついに量子力学が完成したのです！

第5章

量子の群像

「はじめに」のこの一節を覚えているでしょうか？

実は、量子を表現する方法はひとつではありません。ハイゼンベルクの行列力学、シュレディンガーの波動力学、ファインマンの経路積分などなど。見た目こそ違いますが、これらはすべて同じ予言能力を持ち、量子を正しく記述します。同じ山を見るにしても、色々な角度から眺める経験を積んで初めて美しい山並みの全体像が俯瞰できるように、色々な角度から〝観る〟経験を積んで「量子」の姿を心に描けるようになれば大成功です。

ここで先取りして述べたように、行列力学は量子を表現するための方法のひとつにすぎません。全く同じ予言能力を持ちながら、見た目や計算方法が異なる量子力学がいくつもあるのです。

もちろん、行列力学さえ知っていれば他の方法は知らなくても量子の計算はできます。ですが、それは量子を一面から見ているにすぎません。例えば、皆さんがこの本を読んでいるまわりの空間も、光の空間として視覚で認識するか、音の空間として聴覚で認識するかによって〝観え方〟が全く異なりますが、それらは同じ世界の異なる側面です。私たちは普段から、視覚・聴覚に限らず、さまざまな切り口で捉えた側面を統合して世界を認識しています。

量子の世界も同じです。行列を使わない量子力学を知ることで、量子は全く新しい姿を見せてくれます。言うなれば、それぞれの量子力学は量子を見るための異なる「眼」です。山が見る場所によってその姿を変えるように、量子を見る眼が増えれば増えるほど、私たちは複合的に量子を観られるようになります。これこそが「量子を色々な角度から観る経験」に他なりません。そこでこの章では、シュレディンガーとファインマンが見いだした量子の姿を紹介し、量子を観るための複眼を獲得することにしましょう。

行列とベクトル、どちらが本質？

「あと5分で次の駅に到着します」、「ピッチャー投げました。時速１５０km！」などの表現に見て取れるように、私たちは普段、物体がいつどこにいてどのくらいのスピードで動いているかに注意を払います。古き良きニュートン力学はこれを精密化したものです。ある時刻に特定の位置にいるということは、「時刻 t を決めると位置 x が決まる」ということで、これは「位置は時刻の関数 $x(t)$ として表現される」ということに他なりません（この「〜が決まると値がひとつに定まる」という関数の本質は、少し後になって別の局面で登場するので頭の片隅にとどめておいてください）。そして、この関数 $x(t)$ を、運動方程式を解くことによって特定するのがニュートン力学流です。

こうして見ると、ニュートン力学と行列力学は案外似ています。実際、行列力学でも量子の運動を「時間変化する位置や運動量」で表現します。位置や運動量が行列になるというややこしい事情こそありましたが、運動方程式（ハイゼンベルク方程式）を解いて位置や運動量を決めようという精神はニュートン力学と同じです。

ただし、量子には量子特有の事情があって、位置行列や運動量行列を決めるだけでは話が終わりません。位置や運動量とは別に、量子の状態を表す「状態ベクトル」を導入し、そこに行列を作用させて初めて量子の（統計）情報を読み取ることができたのでした。「見たままが世界ではない」という量子力学の自然観を反映して、目には見えない量子の状態を表す「状態ベクトル」と、そこから物理量を読み取る働きをする「行列」を別概念として分けているわけです。量子力学が機能するには、位置や運動量という行列だけでなく状態ベクトルも必要です。

さて、ここで素朴な疑問を。「行列」と「状態ベクトル」のどちらが量子の本質でしょう？

行列力学では、位置行列や運動量行列が時間変化しますが、状態ベクトルは変化しません。だとすると、状態ベクトルは人間が量子の情報を読み取るために必要な補助的な概念で、ニュートン力学と同様、量子の本質は位置や運動量を表す行列が担っていると考えてよいでしょうか？

結論から言うと、これは間違い、というより、見方のひとつにすぎません。「**量子とは行列が**

運動するものである」と考えても、「量子とは状態ベクトルが運動するものである」と考えても、どちらでもよいのです。前者は前章で慣れ親しんだ行列力学ですが、後者の考え方を使っても、「波動力学」と呼ばれる、見た目は違うものの全く同じ予言能力を持つ量子力学が構成できます。つまり、行列力学と波動力学は、計算手法やプロセスが全く異なるのに、結論は完全に同じになるのです。

これから実際に行列力学から波動力学を導いていきますが、どうしても数式がダメだという方は、**行列が動いてベクトルが動かないのがハイゼンベルク流（行列力学）、行列が動かずにベクトルが動くのがシュレディンガー流（波動力学）で、どちらも予言能力は同じ**ということを了解したうえで、１５９ページまで飛ばしていただいても後の話がわからなくなることはないのでご安心ください。

ハイゼンベルク描像からシュレディンガー描像へ

それでは早速、新しい量子力学の風景に出会いにいきましょう。ここは難所ですから、小さなステップを設けてゆっくりいきましょう。

Step 1 ハイゼンベルク方程式

旅の出発点は、現在の到達点である行列力学です。まずは準備がてらの復習から始めましょう。行列力学では、位置や運動量を始めとする物理量は時間と共に変化する行列で表されるのでした。今回も、そんな行列のひとつを $\hat{A}(t)$ としましょう。

編集さんは嫌がるのですが、行列力学の要であるハイゼンベルク方程式をじっくりと鑑賞してその構造を読み解くことがここの話のキモなので、ここは誤魔化さずにちゃんと書きます。

ハイゼンベルク方程式は $\frac{d}{dt}\hat{A}(t)=\frac{i}{\hbar}[\hat{H},\ \hat{A}(t)]$ です。141ページの結論を繰り返すと、この式は「時間がちょこっと（δt）だけ経ったときの $\hat{A}$ の変化は、$\hat{H}$ と $\hat{A}$ の交換子を計算すればわかるよ」という意味を持っているのでした。したがって、この方程式は次のように書き直せます。

$$\hat{A}(\delta t)=\hat{A}(0)+i\frac{\delta t}{\hbar}\hat{H}\hat{A}(0)-i\frac{\delta t}{\hbar}\hat{A}(0)\hat{H} \quad \cdots\cdots ①$$

敢えて交換子は使わずに、行列の積を顕わに書きました。式を見やすくするために、変化する前の時刻は $t=0$ としています。

Step 2
右辺を見やすくしよう

書いたのはよいのですが、式①の右辺はかなりごちゃごちゃしていますね。これは良くありません。人生、往々にして、ややこしいものをややこしいまま理解しようとするからややこしくなるのです。こういう場合の常套手段は**パターンを見抜いて単純化すること**です。この式のパターンを列挙すると、

1）３つの項のすべてに行列 $\hat{A}(0)$ が含まれている

2）第２項と第３項にはハミルトニアン $\hat{H}$ がそれぞれ左右からかかっている

3）$\hat{H}$ を含む項には、微小時間 δt を含む純虚数 $i\frac{\delta t}{\hbar}$ がセットになっている

といったところです。このパターンを使って$\hat{A}(\delta t)$ をできるだけシンプルな形に書き直そう、というのが最初のステップです。これはある種のパズルですから、ここで本を閉じて自分なりに考えてみるのも一興です。

結論を書きましょう。この式は次のように書き換えられます※1。

$$\hat{A}(\delta t)=\left(1+i\frac{\delta t}{\hbar}\hat{H}\right)\hat{A}(0)\left(1-i\frac{\delta t}{\hbar}\hat{H}\right)$$

似たような形をした行列が $\hat{A}(0)$ を左右からサンドイッチしているのが特徴です。

※1　ただし、δt はものすごく小さいと考えて δt^2 を含む項は無視しています。気持ち悪く感じる方もいると思いますが、この部分を無視してよいというのが微分の本質です。

Step 3 時間発展行列

$\hat{A}(0)$ を挟んでいる左右の行列 $\left(1 \pm i\frac{\delta t}{\hbar}\hat{H}\right)$ はほとんど同じ形をしていて、違いは真ん中の符号だけです。そして、Step2の3）で指摘したように、$\hat{H}$ にかかっている係数は純虚数です。純虚数は複素共役を取ると符号を変えるので、この左右の行列は互いに複素共役になっていることがわかります（正確には「エルミート共役」ですが、本質は同じなのでイメージしやすさを優先します。詳しくは付録を参照してください）。そこで、これらの行列を

$$\hat{T}(\delta t) = 1 - i\frac{\delta t}{\hbar}\hat{H}, \quad \hat{T}(\delta t)^{\dagger} = 1 + i\frac{\delta t}{\hbar}\hat{H}$$

と書くことにしましょう。$\hat{T}(\delta t)^{\dagger}$ の右肩の記号“†”が複素（エルミート）共役を取ったことを表す印です。このように書くと、左右の行列が本質的に同じものであることが一目瞭然です。この記号を使うと、ハイゼンベルク方程式は次のように書き直せます。

$$\hat{A}(\delta t) = \hat{T}(\delta t)^{\dagger}\hat{A}(0)\hat{T}(\delta t)$$

随分と見やすくなりました。この式は、「行列 $\hat{T}(\delta t)$ で $\hat{A}(0)$ を挟むと、時間が δt だけ進行して $\hat{A}(\delta t)$ に変化した」と読めます。$\hat{T}(\delta t)$ が時間発展を促しているわけです。その気持ちを込めて、行列 $\hat{T}(\delta t)$ を**「時間発展行列」**と呼びます。

Step 4
私たちが測定できるもの・量子力学が予言できるもの

ここで思い出してほしいのが、私たちが自然界から読み取れるのは**物理量の測定値**のみであるということ、そして、量子の理論が予言できるのは、同じ条件で何度も測定を行ったとしたら得られるはずの測定値の平均、すなわち、**物理量の期待値**だけであるという量子の自然観です。物理量に対応する行列はもちろん大切ですが、それだけでは量子力学の目標である「期待値」は求まりません。

前章の内容を思い出すと、行列力学では期待値は状態ベクトルに対する行列の成分であると考えるのでした。これは、行列が作用して変形された状態ベクトルと変形前の状態ベクトルの内積を計算すれば求まります。133ページの説明を思い出すと、一般に物理量 $\hat{A}$ の時刻 δt での期待値は、状態ベクトルを $\vec{\psi}_0$ として、

$$\langle \hat{A}(\delta t) \rangle = \vec{\psi}_0^{\dagger} \hat{A}(\delta t) \vec{\psi}_0$$

となります。

Step 5

ハイゼンベルク描像――し・んぶん・し

「前の章の内容を繰り返しているだけじゃないか」と思うかもしれませんね。実際その通りです。違うのは「時間発展行列」を使って表示をコンパクトにしただけ。内容自体は前の章の説明から何一つ変わっていません。ですが、このコンパクトな表示が大切なのです。先ほどの時間発展の式を使って期待値を書き直すと、

$$\langle \hat{A}(\delta t)\rangle = \vec{\psi}_0^\dagger \hat{T}(\delta t)^\dagger \hat{A}(0)\hat{T}(\delta t)\vec{\psi}_0$$

となります。まるで、「しんぶんし」のように、前から読んでもうしろから読んでも同じ言葉になる回文のような構造です。行列力学では、この式を、「時間変化する行列 $\hat{A}(\delta t) = \hat{T}(\delta t)^\dagger \hat{A}(0)\hat{T}(\delta t)$ を、時間変化しないベクトル $\vec{\psi}_0$ で挟んだもの」と解釈しました。「しんぶんし」を、「し」「んぶん」「し」と区切って読むようなものです。この構造を敢えて強調して書くと

$$\langle \hat{A}(\delta t)\rangle = \vec{\psi}_0^\dagger \cdot (\hat{T}(\delta t)^\dagger \hat{A}(0)\hat{T}(\delta t)) \cdot \vec{\psi}_0$$

となります。この見方を**「ハイゼンベルク描像」**と呼びます。

Step 6

シュレディンガー描像——しん・ぶ・んし

ここで素朴な疑問を。「し」「んぶん」「し」ではなく、「しん」「ぶ」「んし」と区切ってはダメでしょうか？　つまり、同じ式を

$$\langle \hat{A}(\delta t)\rangle = (\vec{\psi}_0^{\dagger}\hat{T}(\delta t)^{\dagger})\cdot\hat{A}(0)\cdot(\hat{T}(\delta t)\vec{\psi}_0)$$

と書いて、「期待値は行列 $\hat{A}(0)$ をベクトル $\hat{T}(\delta t)\vec{\psi}_0$ ではさんだもの」と解釈してはダメでしょうか？

もちろん、ひとまとまりの式をどこで区切るかは人の勝手です。このように考えてはいけない理由は何もありません。$\hat{T}(\delta t)\vec{\psi}_0$ は行列 $\hat{T}(\delta t)$ がベクトル $\vec{\psi}_0$ に作用して変形された新しいベクトルです。$\hat{T}(\delta t)$ は時間変化を誘発する行列であることを思い出すと、この新しいベクトル $\hat{T}(\delta t)\vec{\psi}_0$ は「時間が δt だけ経ったベクトル $\vec{\psi}(\delta t)$」と解釈されるべきものです。すなわち、この解釈の下では、状態ベクトルは $\vec{\psi}(\delta t) = \hat{T}(\delta t)\vec{\psi}_0$ のように時間変化すると考えるのです。

その一方で、この解釈では時間発展行列は行列ではなくベクトルに作用すると考えるので、物理量を表す行列 $\hat{A}(0)$ はもはや時間変化しなくなります。時間発展行列が作用する対象が行列から状態ベクトルに変化したことで、時間変化する量が行列から状態ベクトルに変化したのです。このように、物理量を表す行列は時間変化せず、状態ベクトルが時間変化する見方を**「シュレディンガー描像」**と呼びます。これこそが目指していた量子の別風景です。

ハイゼンベルク描像とシュレディンガー描像はどちらが正しいでしょう？　ここまでくれば明らかで、答えは「どちらも正しい」です。そもそも量子力学は測定値の統計量を計算するための理論体系です。そして、ふたつの描像は同じ式の別の解釈にすぎません。となれば、ハイゼンベルク描像を採用しようがシュレディンガー描像を採用しようが、そこから生まれる量子力学は全く同じ予言能力を持ちます。どちらの方法を採用して計算するかは、単純に趣味の問題です。

波動関数とシュレディンガー方程式

シュレディンガー描像に基づいた量子力学は「**波動力学**」と呼ばれます。この命名の由来は、時間変化する状態ベクトルがまるで波のように振る舞うからです。実際、138ページで述べたように、状態ベクトルとは宇宙のすべての点での量子の情報を持つ無限次元ベクトルなので、それが時間的に変化すると、空間全体に広がった量子の情報が時間と共に変化します。これは「波」と呼ぶにふさわしい特徴です。

ベクトルの言葉を使うともう少し具体的になります。シュレディンガー描像では状態ベクトルが時間変化するので、時刻tでの状態ベクトルを$\vec{\psi}(t)$と書きましょう。この状態ベクトルから特定の位置における量子の情報を抜き出すために、「位置xだけに存在している」という特殊な状

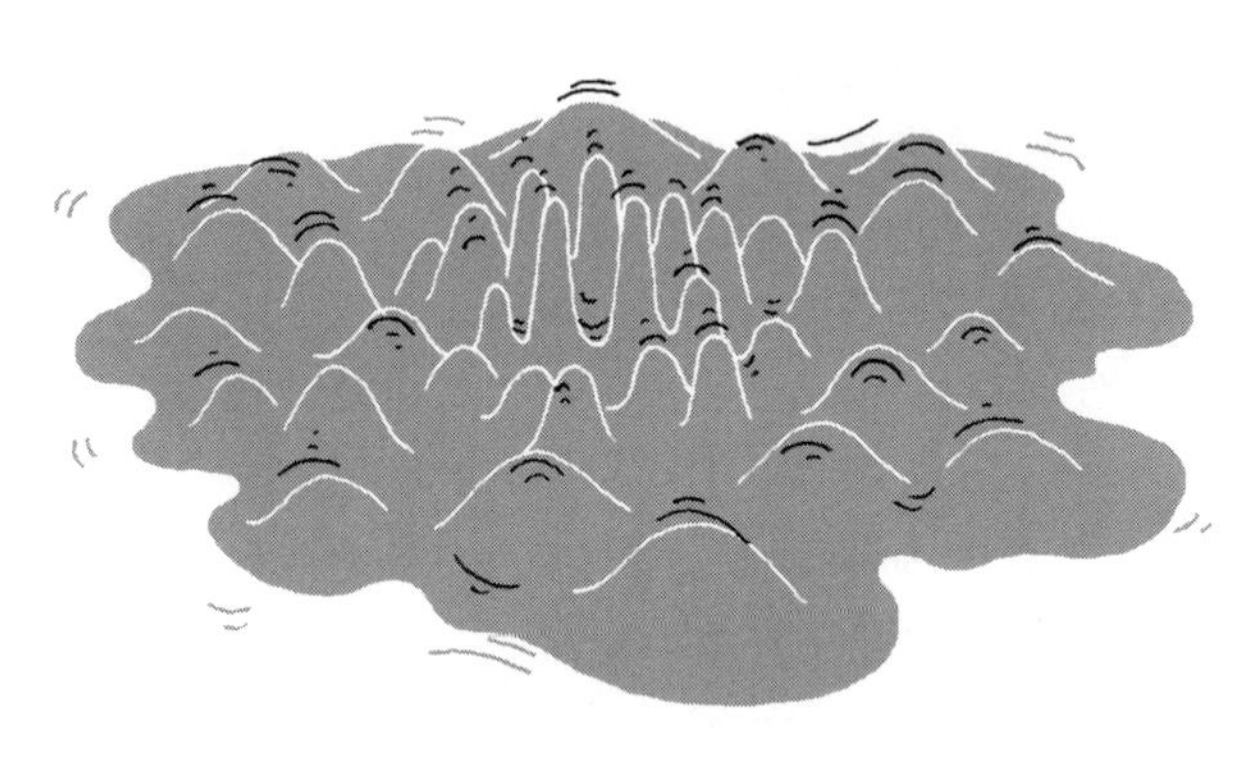

図5-1　波動関数の模式図

態を表す（長さ1の）ベクトル$\vec{\psi}_x$を用意して、$\vec{\psi}(t)$との内積を考えてみましょう。内積とはふたつのベクトルの重なり具合なので、これは$\vec{\psi}(t)$のx成分、すなわち、**この量子が位置xにどの程度の割合で存在しているか**を表しています。「宇宙の各点における量子の〝存在密度〟を表す関数」と言ってもよいでしょう。この関数は「**波動関数**」と呼ばれます。状態ベクトルが時間変化すると、その〝化身〟である波動関数が波のように揺れ動くのです（図5-1）。

　ハイゼンベルク描像では、行列はハイゼンベルク方程式に従って変化しましたが、シュレディンガー描像では行列は動かず、その代わりに状態ベクトルが変化します。では、状態ベクトル（波動関数）はどんな方程式に従って変化するのでしょう？

《数式が多いので、この部分は横書きでお話しします。》

実は、答えは既に出ています。155ページのStep 6を見直してみると、状態ベクトル $\vec{\psi}(t)$ が微小時間 δt の間に $\hat{T}(\delta t)\,\vec{\psi}(t)$ に変化すると考えるのがシュレディンガー描像なのでした。すなわち、$\vec{\psi}(t+\delta t)=\hat{T}(\delta t)\,\vec{\psi}(t)$ です。時間発展行列は $\hat{T}(\delta t)=1-i\frac{\delta t}{\hbar}\hat{H}$ と書けるので、

$$\vec{\psi}(t+\delta t)=\vec{\psi}(t)-i\frac{\delta t}{\hbar}\hat{H}\,\vec{\psi}(t)$$

となります。これを少し変形すると、

$$\frac{\vec{\psi}(t+\delta t)-\vec{\psi}(t)}{\delta t}=-\frac{i}{\hbar}\hat{H}\vec{\psi}(t)$$

となりますが、29ページで説明した微分の定義を見ると、この左辺は $\vec{\psi}(t)$ の微分そのものです。ここから、状態ベクトルが従う時間発展の方程式が

$$i\hbar\frac{d\vec{\psi}(t)}{dt}=\hat{H}\vec{\psi}(t)$$

となることがわかります。これが有名な**シュレディンガー方程式**です。シュレディンガー形式では、状態ベクトルと波動関数は同等なので、これは波動関数の方程式と思っても構いません。導出からもわかる通り、その内容はハイゼンベルク方程式と全く同じです。この方程式を解いて状態ベクトル（波動関数）が求まれば、物理量の期待値が計算できます。これもまた量子力学のひとつの姿です。

波動力学は行列力学と全く同等ですが、印象は随分違います。行列力学の量子が行列値の位置や運動量を持つ「抽象的な粒子」であるのに対して、波動力学の量子は比較的イメージしやすい「波」です。そのため、干渉を始めとする波の特性が前面に表れるような量子現象を扱うときには、波動力学は大変便利に使えます。無限個の要素を持つベクトルを扱うハイゼンベルク方程式よりも微分方程式の知識を使えるシュレディンガー方程式の方がとっつきやすいことも手伝って、しばしば波動力学は量子力学の代表格とみなされます。これはこれで間違ってはいません。

ですが、これまでの説明からもわかる通り、この見方はやはり一面的です。例えば、波動関数は「量子の〝存在密度〟を表す関数」と喩えてはいますが、これはあくまで喩えで正確ではありません。シュレディンガー方程式に虚数 i が含まれることからもわかるように波動関数は複素数の値を持つ関数で、量子の存在確率に対応するのは正確には波動関数の絶対値の二乗です。複素数の関数である波動関数を「量子そのもの」と考えるのはやはり無理があります。波動関数の正体は抽象的な状態ベクトルで、波動関数の背後にある「波」というイメージもまたひとつの見立てにすぎないのです。

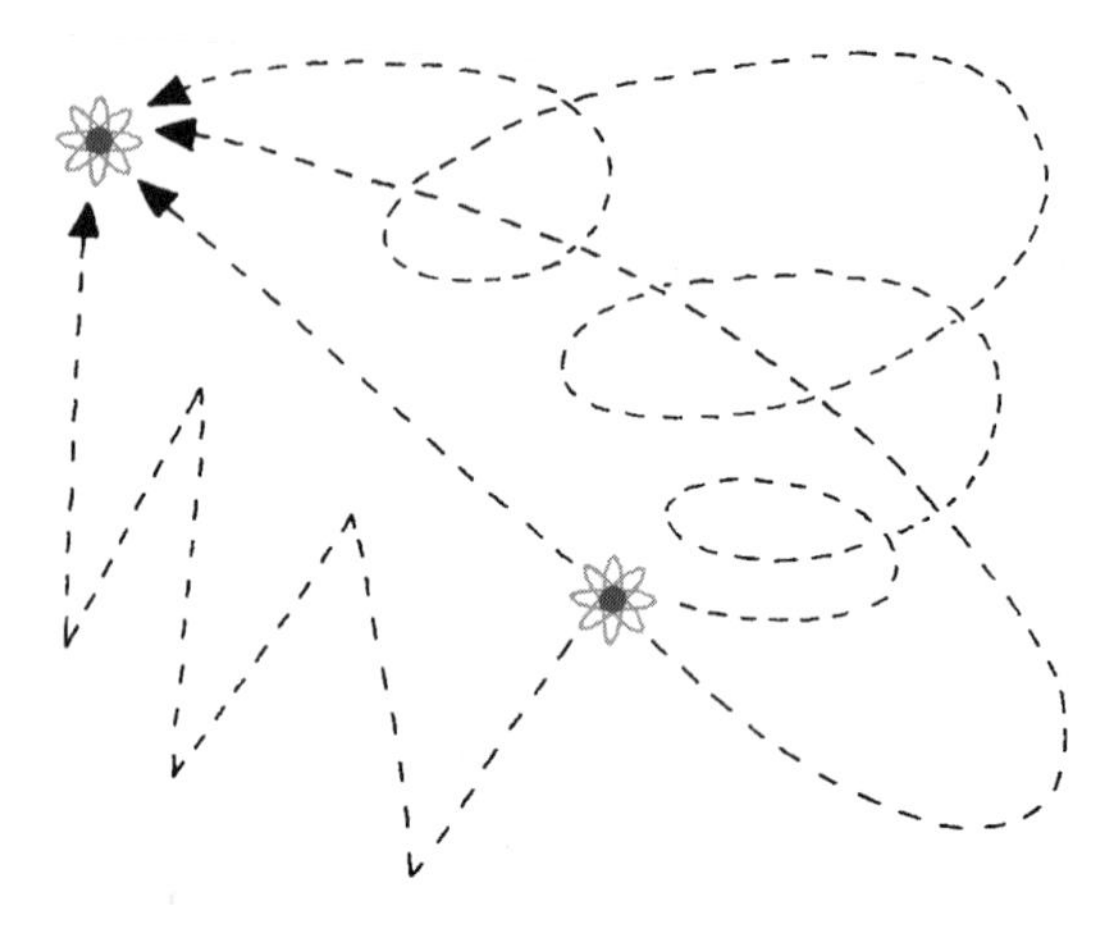

図5-2　ひとつの粒子はあらゆる可能な経路をすべて同時に通る

とある天才の量子力学——経路積分法

量子力学の理解が一段落ついた１９４８年、行列力学とも波動力学とも異なる奇妙な形式の量子力学が提案されました。この形式の量子力学では行列もベクトルも使いません。したがって、正準交換関係もなければ波動関数もありません。古典力学と同じように、量子の位置や運動量は決まった値を持つと考え、そのため、その軌跡は時間の関数として表されます。

「おいおい、今までの苦労は何だったんだよ⁉」と思うかもしれませんね。ですが安心（？）してください。もちろん代償があります。古典力学では粒子の軌跡はひとつですが、この形式では**ひとつの量子（粒子）はあらゆる可能な経路をすべて同時に通った**と考えます。

例えば、ある時点で人差し指の上にあった量子をフッと一吹きしたら、３秒後には机の上にあったとしましょう。人差し指から机を結ぶ「可能な経路」の中には、真っ直ぐ目的地に向かうものもありますし、ジグザグに曲がりくねるものもありますし、月に行って戻ってくるものもあります。量子は３秒の間にそのすべての経路を同時に通過して机の上に到達した、と考えるのです（図5-2）。具体的に何を計算するかは後で説明しますが、この無数の経路からの寄与をすべて足し合わせると、波動力学が予言する状態ベクトルが完璧に再現されます。つまり、この方法もまた、行列力学や波動力学と同じ予言能力を持つ量子力学の一形式で、「**経路積分法**」と呼ばれます。

ニュートン力学の深淵へ

この型破りな量子力学の発案者はアメリカの物理学者リチャード・ファインマンです。彼の発想を理解するには、ニュートン力学をもう少しだけ掘り下げて、運動方程式とは違った視点で粒子の運動の意味を捉え直す必要があります。そこで、しばらくの間、行列もベクトルも波動関数も忘れて、位置も速度も普通の数で表される古典の世界に立ち返りましょう。

古典の自然観では粒子の位置は完全に決まっていると考えるので、粒子の位置は単純に時間の

関数として $x(t)$ のように表現されます（なんという安心感！）。結局のところ、ニュートン力学というのはこの関数 $x(t)$ を決定するための方法論です。

最も一般的な方法は運動方程式を解くことです。例えば、力が全く働いていない粒子の運動方程式は【加速度】＝0です。第1章で見たように、加速度は速度の時間微分でした。速度は位置の時間微分。ということは、この運動方程式は「$x(t)$ は時間 t で2回微分するとゼロになるような関数ですよ」と言っています。そんな（連続）関数は $x(t) = vt + x_0$ しかありません。x_0 は時刻0での位置、v は一定の速度と解釈できるので、これは等速直線運動を表しています。力が働かないときの粒子の軌跡を正確に予言できました。

もちろんこれは簡単な場合ですが、もっと複雑な状況でも本質は同じです。つまり、ある時刻での位置と速度から出発して、運動方程式を満たすような関数 $x(t)$ が求まれば目的達成です。ニュートン力学のさらなる深淵は、この運動方程式を掘り下げることで見えてきます。

関数を変数に

運動方程式は【力】＝【質量】×【加速度】なので、物体に働く力がわかれば運動方程式が立てられます。ここでは、物体に働く力を「物体の位置が決まると定まる力」に限定することにしましょう。例えば万有引力は典型です。実際、物体の質量が決まっていれば、万有引力は物体間の距離だけで決まります。このような力を「保存力」と呼びます※2。他にも、静電気力やバネの力なども、物体の位置関係で決まる力なので保存力です。もちろん、摩擦力や空気抵抗のように保存力でない力もたくさんありますが、摩擦力や空気抵抗もミクロに見れば分子間に働く力（これは保存力です）の顕れであるように、あらゆる力は元を正せばすべて保存力に由来しています。その意味で、力を保存力に限定するというのは悪い仮定ではありません。

さて、これから少し視点が抽象的になるので頭をもみほぐしてください。保存力とは位置$x(t)$が決まるとひとつに定まる力です。そして、一般に力というのは時間と共に変化するものなので、これもまた時間の関数です。ということは、保存力とは、「$x(t)$から決まる（時間の）関数」と言えます。

運動方程式の登場人物は力と加速度です。では加速度も保存力と同じように「関数$x(t)$から決まる関数」という解釈ができるでしょうか？　実はこれも可能です。なぜなら、前節で述べたように加速度は位置を2回微分したものなので、位置の関数$x(t)$が決まれば加速度はひとつに定まるからです。ということは、ニュートンの運動方程式を【質量】×【加速度】－【力】＝0と書くと、この左辺はまるごと「関数$x(t)$から決まる関数」です。そこで、これを$N\{x(t)\}$と書いてその気持ちを表

※2　正確には、後述の「ポテンシャル」の勾配として表されるような力を保存力と言うのですが、まずは大雑把にいきましょう。

現することにしましょう（ニュートン（Newton）に敬意を表して頭文字の〝N〟を用いました）。この書き方では、運動方程式は $N\{x(t)\}=0$ です。

これはまるで代数方程式です。代数方程式というのは普通の関数に関して成り立つ $f(x)=0$ のような方程式のことですが、これは「無数の数 x の中から $f(x)$ の値がゼロになるような数を見つけなさい」という問題です。それに対して運動方程式 $N\{x(t)\}=0$ は「無数の関数 $x(t)$ の中から $N\{x(t)\}$ が恒等的にゼロになるような関数を見つけなさい」という問題に他なりません。**関数そのものを変数と考えてしまおう**というのです。この自由さが数学の魅力のひとつです。

関数と「地形」

この類似性がどうして大切かというと、代数方程式に「グラフ」という幾何学的な意味づけができるのと同様、運動方程式の背後に幾何学的な「絵」を透かし見ることができるようになるからです。その意味を理解するために、まずは普通の関数 $f(x)$ から始めましょう。

少々天下り的ですが、後のお話につながるように、関数 $f(x)$ を「x 軸の上に描かれた地形の勾配」と考えることにしましょう。$f(x)$ が正の値を持つ場所では上り坂が、負の値を持つ場所では下り坂があると考えるのです。具体例を示した方が早いので図5‐3を見てください。ここでは

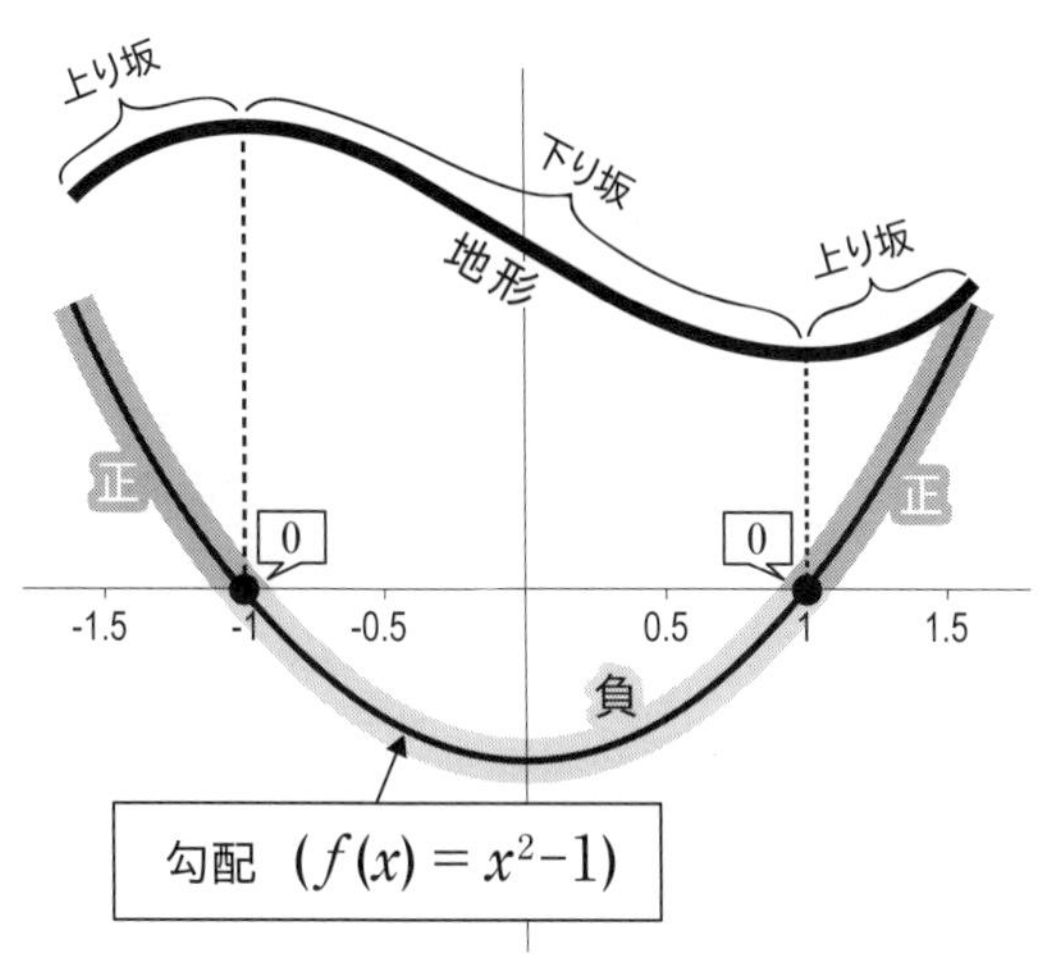

図5-3　関数$f(x)$を「勾配」とみなしたときの「地形」
$f(x)>0$の地形は上り坂、$f(x)<0$の地形は下り坂、$f(x)=0$の地形は山の頂上か谷の底に対応している

$f(x)=x^2-1$としています。xの値をひとつ決めたときの$f(x)$の値を勾配と考えて、そこから対応する地形を想像するのです。

xが-1から1の区間では$f(x)$が負なので斜面は下り、それ以外では上りです。$f(x)=0$となるような場所（$x=\pm1$）では勾配がゼロ。つまり、谷の底か山の上のどちらかになっています。「関数の値」という代数的な関係が、「地形とその勾配」という幾何学的な関係に読み替えられました[※3]。

なお、今は話を簡単にするために一変数の関数を例に挙げましたが、「地形」の発想を多変数関数に応用するのは簡単です。例えば図５－４のような３次元の地形図ならx方向とy方向に勾配があるので、３次元の地形図の１点にはふたつの数（勾配）

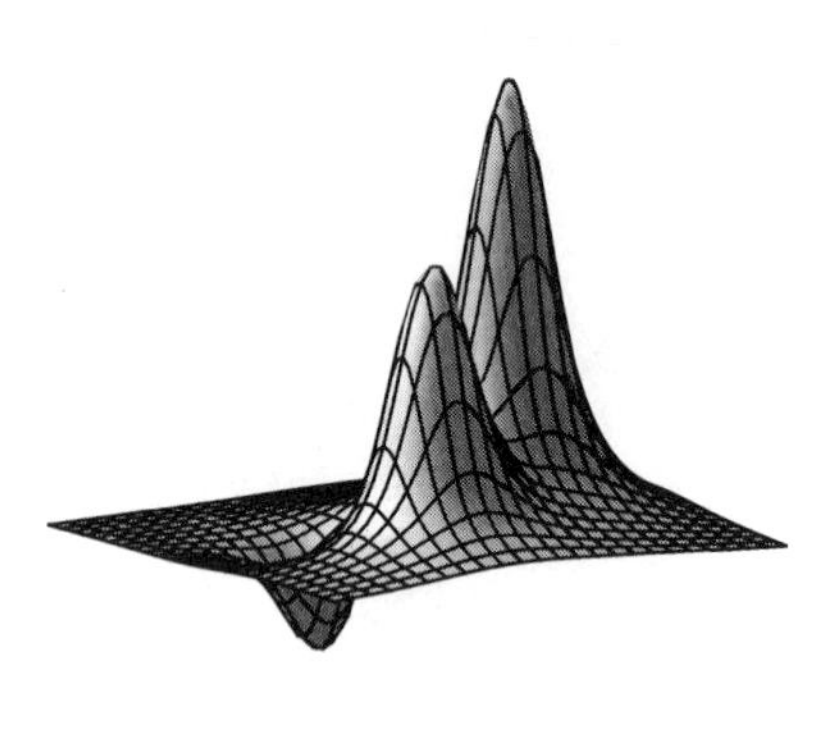

図5-4　3次元の地形図は2次元の点(x, y)での高さを指定することで決まる
この地形図にはx方向とy方向の勾配に相当するふたつの関数が対応する

が対応します。より一般には、($n+1$)次元の地形図の1点にはn方向の勾配に相当するn個の数が対応します。

最小作用の原理

ここでもう一度運動方程式に立ち返りましょう。ここで大事になるのは、「関数とは無限個の数の集まりである」という少し抽象的な視点です。今、運動方程式は$N\{x(t)\}=0$で、左辺の$N\{x(t)\}$はそれ自体が時間の関数です。地形図の例で、n個の数が「勾配」となるような地形図を考えたように、無限個の数である関数$N\{x(t)\}$が勾配となるような無限次元の〝地形〟は作れるでしょうか?

答えはYESです。図5－5にその様子を描きました。上段は、前の章にも登場した「ポテン

※3　勾配とはグラフの傾きのことなので、地形を表す関数を微分すると$f(x)$になります。数学に慣れた人であれば、この地形を表す関数は$f(x)$の積分であることに気づくでしょう。

シャル（位置エネルギー）」です。坂道にボールを置くと、坂が急なほど大きな力が働いてボールは勢いよく転がります。実は、ポテンシャルは元々これのアナロジーで、保存力を抽象的な〝地形の勾配〟と表現するために導入されたものなのです。ただし、保存力の方向はポテンシャルの傾きの逆符号として定義されることに注意してください。これは、上り坂（勾配が正）のときにうしろ向き（負の方向）に力が働くというイメージに合致するようにするためです。

このポテンシャルと $x(t)$ の微分を含む項を組み合わせて作られたのが、下段に書かれた、$N\{x(t)\}$ が勾配となるような地形図の〝高さ〟を表す「**作用汎関数**」です。ニュートン力学をある程度学んだことのある人なら、積分の中の第一項が運動エネルギーであることに気づくでしょう。つまり、作用汎関数とは、運動エネルギーからポテンシャルを引いた量（「ラグランジアン」という名前がついています）を、運動が始まる時刻 t_0 から運動が終わる時刻 t_1 まで積分したものです。位置の関数 $x(t)$ が定まるとラグランジアンは一通りに定まるので、それを積分した結果は普通の数です。先ほど説明した地形図は「場所を指定すると高さが決まる」という対応によって描かれました。今の場合、〝場所〟に相当するのが関数 $x(t)$、〝高さ〟に相当するのが作用汎関数の値です。そして、微分法を少々応用すると、$x(t)$ が運動方程式を満たすときに作用の値が最小になることを示せます。すなわち、ニュートン力学では**作用汎関数の値が最小になるような運動**が実現されるのです（逆に、最小値が運動方程式の解になるようにラグランジアンの形を

保存力とポテンシャル

ポテンシャル：$V(x)$

$$F(x) = -\frac{dV(x)}{dx}$$

x_0　x

力：$F(x_0)$

作用汎関数

$$S[x(t)] = \int_{t_0}^{t_1} \left(\frac{m}{2} \left(\frac{dx(t')}{dt'} \right)^2 - V(x(t')) \right) dt'$$

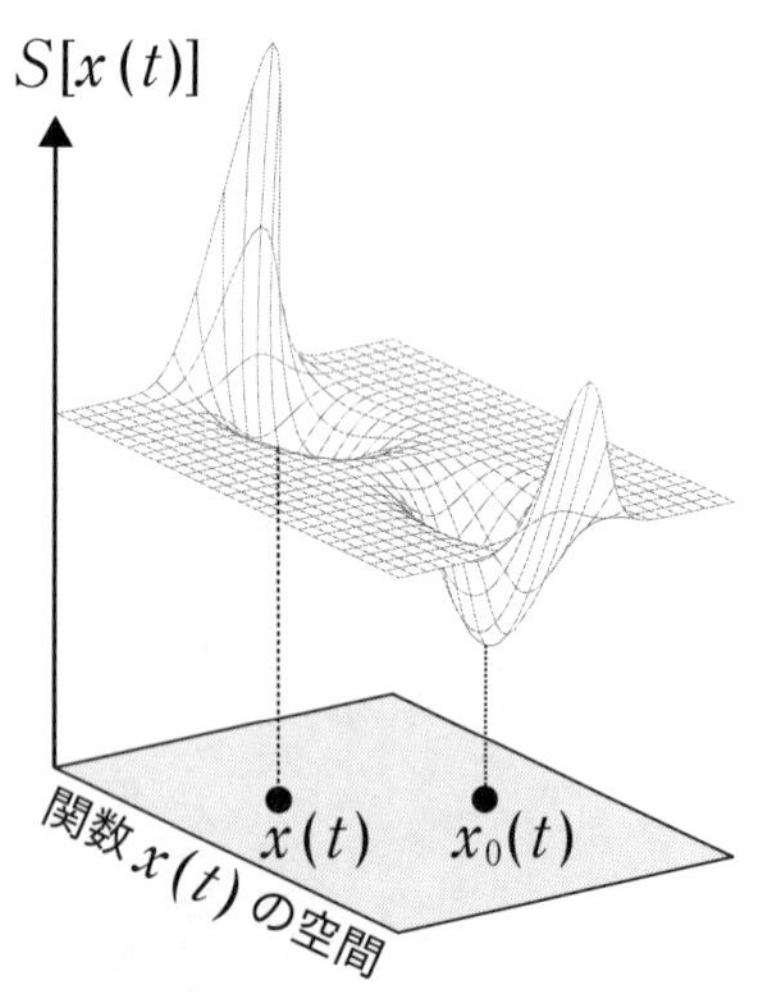

保存力$F(x)$は位置 x の関数で、上段のように「ポテンシャル」と呼ばれる“地形”の勾配で表すことができる。下段の「作用汎関数」は関数$x(t)$を与えると値が定まる、文字通り「関数の関数」。下の図は、作用汎関数と位置の関数の模式図。運動方程式を満たすような位置関数$x_0(t)$に対して作用汎関数の値が最小となる

図5-5　保存力とポテンシャル、作用汎関数

決めた、と言っても構いません）。

伝統的なニュートン力学では運動方程式が正義です。運動の様子を決めるときも、エネルギー保存則を導くときも、どんな議論をするにしても運動方程式を出発点にします。もちろんこれは間違っていません。ですが今、運動方程式に新しい視点が誕生しました。「作用汎関数の最小値を与える条件式」という視点です。この視点に立つなら、運動の本質は作用汎関数にあると考える方が素直です。実際、作用汎関数を議論の出発点に据えて、「**最小作用の原理**」、すなわち、**自然界は作用汎関数の値が最小になるような運動を実現する**という指導原理を採用すると、古典力学を再構成できます。このような古典力学は「解析力学」と呼ばれます。この場合、「作用汎関数が最小の値を取るべし」という原理が正義で、運動方程式はむしろ二次的な概念になります。

解析力学の内容自体は伝統的なニュートン力学と何一つ変わりませんが、同じ内容を異なる視点で理解できるようになる効果は絶大です。実際、解析力学を採用すると、力学に高度な幾何学の視点が入るので、さまざまな概念をシンプルかつ系統的に理解できるようになります。なので、現代ではどんな物理学を学ぶにしても解析力学の視点は必須です。例えば、前の章で登場した「ハミルトニアン」も元々は解析力学の用語です。解析力学の概念が、古典力学を超え、量子を理解するときにも役立てられていることがわかります。そして、古典の世界と量子の世界を隔てる最も的確なポイントが、他でもない、解析力学の根本原理である「最小作用の原理」にあることに気づいたのがファインマンだったのです。

経路積分の方法

最初に述べたように、ファインマンの発想の原点は「**粒子があらゆる経路を同時に通る**」というものです。そして、作用汎関数は粒子の経路 $x(t)$ に対してひとつの値 $S[x(t)]$ を定める〝関数の関数〟で、経路ごとに異なる値を持つのでした。古典力学では作用汎関数が最小になるような経路だけに注目するので、その値そのものに目を向けることはあまりないのですが、ファインマンは違いました。彼は、作用汎関数の値そのものに意味を見いだしたのです。

少々唐突に感じるかもしれませんが、お話の出発点として、粒子には大きさ1の複素数が付随していると考えてください。一見抽象的に思える複素数ですが、2次元平面を思い浮かべると図形的なイメージができます。実部をx座標、虚部をy座標とする座標点が複素数に対応すると思えば良いのです。$a=\alpha+i\beta$なら、aを表す点は (α, β) という具合です。この仮想的な平面は「複素平面」と呼ばれます。複素数$\alpha+i\beta$の大きさは$\sqrt{\alpha^2+\beta^2}$ なので、大きさ1の複素数は複素平面の原点を中心とする半径1の円周上にあります。ファインマンのアイディアの骨子は、粒子が現実の空間内の経路に沿って動くと共に、付随する複素数もまた複素平面上の円周をグルグル回るというものです。

作用汎関数との関わりがわかるようにもう少し具体的に述べましょう。今、ある時点で位置x_0に粒子があり、少し時間が経ったら位置x_1に動いたとします。x_0からx_1に至る経路は無数にありますが、その中のひとつに注目します。粒子の経路が決まると作用汎関数の値が計算できるのは既に述べた通りですが、このとき、**粒子に付随する複素数が円周上を移動する距離が作用汎関数とプランク定数の比**（$S[x(t)]/\hbar$）**で与えられる**、というのがファインマンの仮説です。

円周の長さは2πなので、作用汎関数の値がh増えるごとに複素数は円を一周することになります。そして、作用汎関数の値は、平均的に見れば、経路が長くなるにつれて大きくなります。したがって、ある程度時間が経ったとき、$S[x(t)]$の値が大きい経路では複素数は円を何周も回り、逆に$S[x(t)]$の値が小さい経路では少ししか回りません。円運動を振動の一種とみなすなら、作用汎関数の値が大きい経路には高速振動する複素数が、逆に値が小さい経路にはゆっくりと振動する複素数が付随しているというわけです（図5-6）。

今、可能な経路はすべて実現していると考えているので、ある位置に辿り着いた粒子には、あらゆる経路を通って変化してきた無数の複素数が同時に重なり合っています。そして驚くべきことに、その値をすべて足し合わせて得られた複素数の絶対値の二乗が、行列力学や波動力学を使って計算される「量子がその場所に到達する確率」と完全に一致するのです！（証明は専門書に

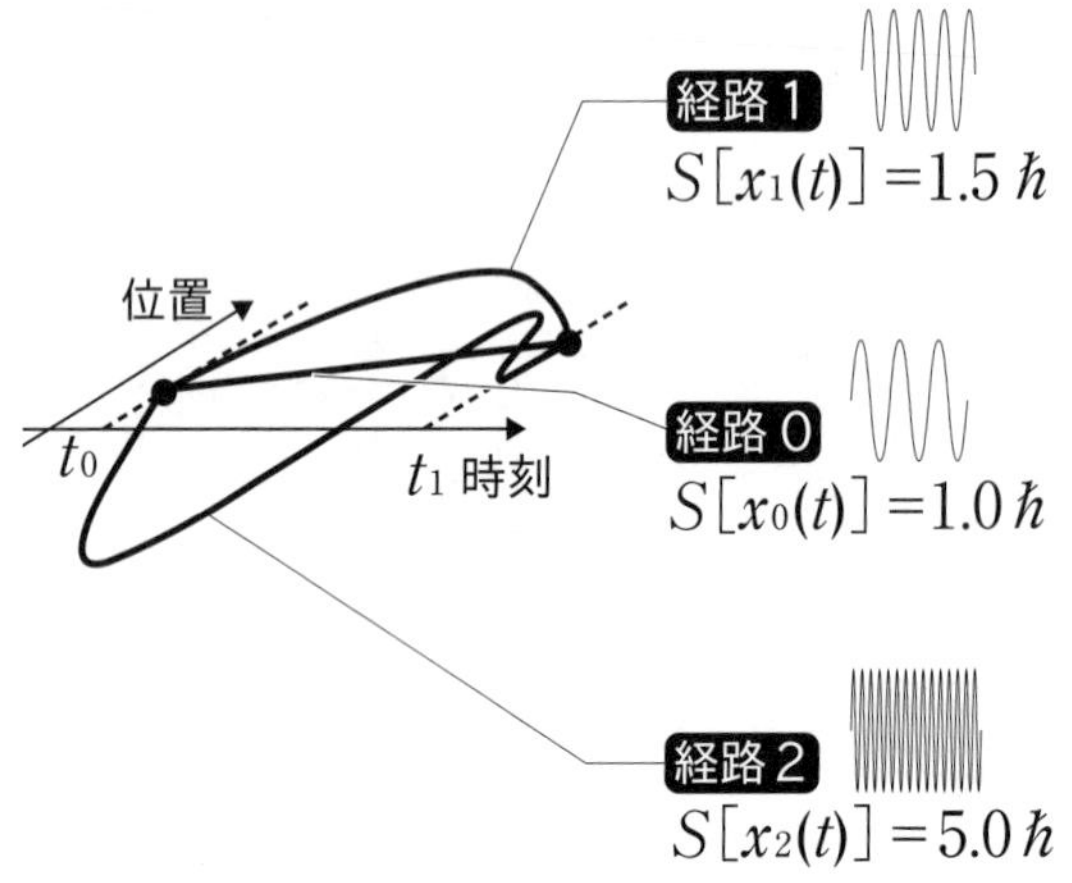

図5-6　可能な経路をすべて考える経路積分のうち、3つの経路を取り出して描いたもの

経路0、1、2の作用汎関数の値をそれぞれ1.0ℏ、1.5ℏ、5.0ℏとすると、それぞれの経路に平均的な振動数が1.0、1.5、5.0に比例する複素振動が付随する。この振動をあらゆる経路について足し上げると、行列力学や波動力学と同じ結果が得られる

譲ります）

このように、行列の運動を考えるのでもなく、状態ベクトルの運動を考えるのでもなく、その場所に至るあらゆる経路を考え、それぞれの経路に付随する複素数をすべて足し上げることで量子力学の目的を達成するのが経路積分法の処方箋です。一見、行列力学や波動力学とは似ても似つかない方法ですが、このやり方が行列力学や波動力学と同じ結論を導く以上、これもまた立派な量子力学です。

現実世界は干渉で決まる

経路積分を知ると、量子の世界は一気に彩りを得ます。まず面白いのが、量子の存在確率を正しく計算するためには、考え得るすべての経路からの寄与が必要なことでしょう。「人差し指の上から月に行って机に戻ってくる」という一見馬鹿げた粒子の経路すら、現実の説明のためには必要で、状況によってはその経路を通る粒子が実際に測定されることだってあり得ます。量子の世界では、古典の世界とは違い、実現可能なあらゆる状態が現実に寄与しているのです。

ただし、無数にある経路のすべてが同じ割合で現実に寄与するわけではなく、経路ごとに「実現されやすさ」が異なります。そのことを理解するために必要なポイントはふたつ。第一に、「経路をひとつ取り出す」とは言ってもそのまわりには形状がわずかに異なる無数の経路があるということ、第二に、それら無数の〝経路群〟のそれぞれには、作用汎関数の値（とプランク定数の比）で振動する複素数の波が付随しているということです。

もし、経路群を構成する経路が同じような作用汎関数の値を持っていたら、同じように振動する波が大量に重なり合い、図5－7の左側のように振動が増幅されます。この場合、この経路は非常に大きな割合で現実に寄与することになります。逆に、経路群を構成する経路が幅広い作用汎関数の値を持ったとすると、さまざまな振動数を持つ波が重なり合い、図5－7の右側のように全体として打ち消されてしまいます。この場合は、考えている経路は現実にほとんど寄与しません。**「現実への貢献度」は干渉によって決まる**のです。

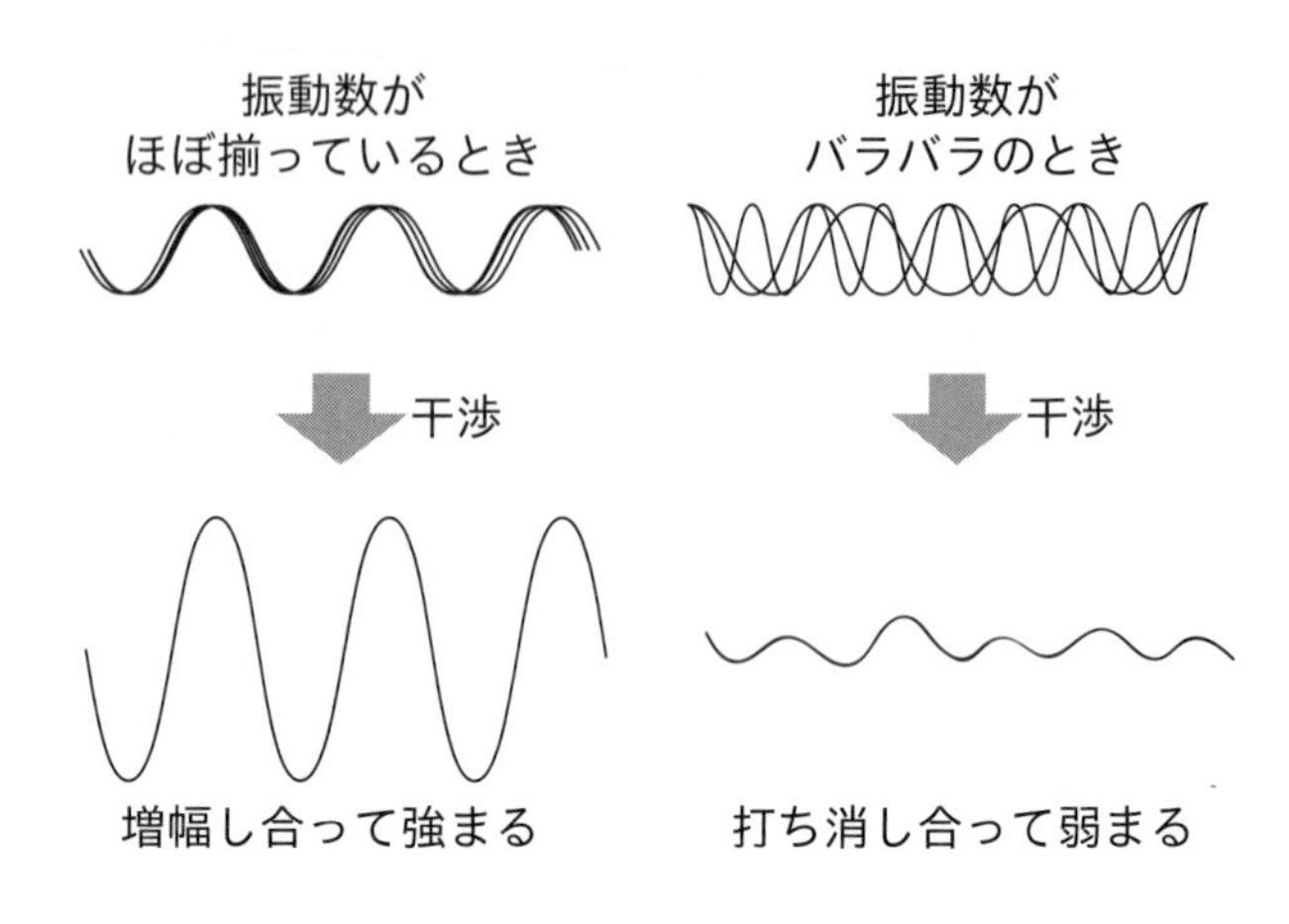

図5-7　強まる波と弱まる波
振動数がほとんど揃っている波が重なると、互いに増幅し合って波が強まる（左）のに対し、振動数がバラバラの波が重なると、互いに打ち消し合って波は弱まる（右）

では、経路群を構成する経路が同じような作用汎関数の値を持つのはどのような場合でしょう？　図5－8を見てください。縦軸が作用汎関数　$S[x(t)]$　の値、横軸は関数 $x(t)$ を1本の軸で表現しています。作用の最小値の周辺で経路 $x(t)$ が変化したとしても、作用はさほど大きく変化しません。これは、最小値の周辺では作用汎関数の値の変化が緩やかだからです。ところが、それ以外の場所で経路が変化すると、作用の値は大きく変わります。これは、最小値以外の場所では作用汎関数の値が急激に変化するためです。一般的に、この傾向は作用汎関数の最小値を与えるような経路から離れれば離れるほど顕著になります。

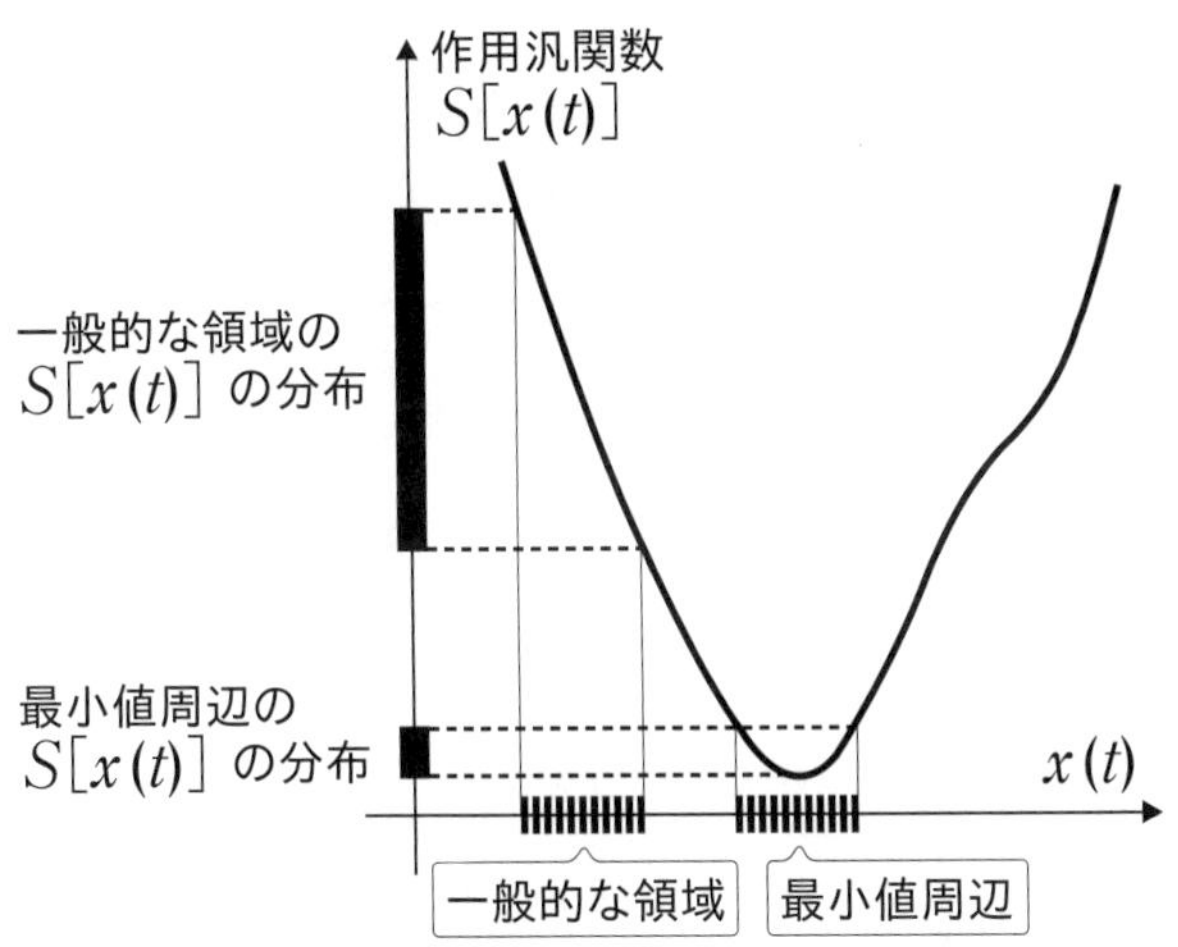

図5-8　領域ごとの作用汎関数の値の違い
作用汎関数の最小値周辺では、作用の変化が小さいのでその値の分布も小さい。一般的な領域では、$x(t)$がわずかに変化するだけで作用汎関数の値が大きく変わるため、広い範囲に値が分布する

ということは、先ほどの議論と合わせて考えると、作用汎関数の値が最小になるような経路のまわりでは、経路に付随する複素振動が増幅され、逆に、作用汎関数の値が大きく変化しているような経路のまわりでは打ち消し合って弱まります。複素振動の振幅はその経路が実現される確率に対応していることを思い出すと、**量子の世界では、作用汎関数の最小値周辺の経路が色濃く実現され、それ以外の経路はうっすらとしか実現されていない**ことになります。これこそが経路積分の立場から見えてくる量子の姿です。

量子力学は〝緩い〟古典力学

この見方は、慣れ親しんだ古典力学と一見ミステリアスな量子力学の間に橋を渡してくれます。

古典力学というのは「作用汎関数の値が最小になるような運動が実現される」と考える力学なのでした。この体系では「最小作用の原理」は鉄の掟です。可能性という意味では無数にある粒子の経路の中で、許されるのは作用汎関数の値が最小になる1本だけ。それ以外の経路は、戯れに原子1個分だけずらしたようなものも含めて完全にアウトです。古典力学というのは、ある意味、一寸の遊びも許さないガチガチの体系なのです。

それに対して、量子力学は「緩さ」を備えています。作用汎関数が最小になるような経路は確かに最も実現されやすい経路ですが、そこからちょっとズレたような経路も十分に現実的です。その緩さ加減を決めているのがプランク定数です。経路積分では、作用汎関数の値がプランク定数だけ変化すると、付随する複素数が円を一周するのでした。ということは、作用汎関数の値が最小値からプランク定数程度ずれると、付随する複素振動の振動数が目に見えて変わり、打ち消し合いを起こして実現確率が弱まります。逆に言うと、作用汎関数の最小値からプランク定数程度の幅に収まっている経路なら、どれが実現されてもおかしくない程度の〝濃さ〟を備えていることになります。**量子力学とはプランク定数程度に緩くなった古典力学**とでも言うべき体系なのです。

逆に、**古典力学とはプランク定数がゼロになった量子力学である**、と言っても構いません。実際、プランク定数がゼロになれば、許される経路の幅もゼロになるので、量子力学の予言は古典力学と完全に同じになります。これがわかると、私たちの身の回りにある物体の運動が古典力学で十分に理解できる理由が見えてきます。端的に言うなら、プランク定数は日常のスケールに比べて小さすぎるのです。事実、プランク定数の大きさは約6.6×10^{-34} J・sです。これは、6.6の1兆分の1の、1兆分の1の、さらに100億分の1というとてつもなく小さな値です。それに比べて、私たちが日常的にお目にかかるエネルギーは概ね1J程度、運動の継続時間は大雑把に言って1秒程度ですから、プランク定数は、日常のスケールから比べて34桁も小さい値です。

もちろんこれは厳密に言えばゼロではありません。ですが、例えば、1ミクロンというのは私たちからするとほとんど長さゼロと言って差し支えない大きさですが、これは日常のスケールである1mと比べてたった6桁小さいだけです。その感覚を採用するなら、日常と比べて34桁も小さいプランク定数はゼロとみなして全く差し支えありません。となれば、たとえ量子力学が正しい体系だと知っていたとしても、作用汎関数の値の幅が最小値のまわりからプランク定数程度に収まるような経路は（よほど特殊な状況じゃない限り）実質的に1本しかないと言ってしまって構いません。これはまぎれもなく古典力学です。私たちが量子力学よりも先に古典力学に辿り着いたのは必然だったということです。

蛇足ながら、作用汎関数の値の幅が最小値のまわりからプランク定数程度に収まるような経路が日常的なスケールまで広がるような〝よほど特殊な状況〟が実現されると、量子現象は日常に姿を現します。詳しい説明は省きますが、例えば、極低温で起こる超伝導現象が目に見えるのはそのためです。

量子力学の風景

いかがでしょう？　この章を読む前は、量子力学と言えば行列力学のことを指していたはずです。もちろん行列力学さえ知っていればあらゆる量子現象を正しく計算できるので、それはそれで間違っていません。ですが、私たちは今、量子力学にはさまざまな姿があることを知りました。行列で表示された位置や運動量が変化する行列力学、状態ベクトルが波のように伝播する波動力学、そして、ひとつの粒子があらゆる可能な経路を同時に通過する経路積分。それ以外にも、粒子がノイズの中を通過していると考える「確率過程量子化」や、変わったところだと、粒子に先行して「量子ポテンシャル」と呼ばれる山あり谷ありの複雑なポテンシャルが形成され

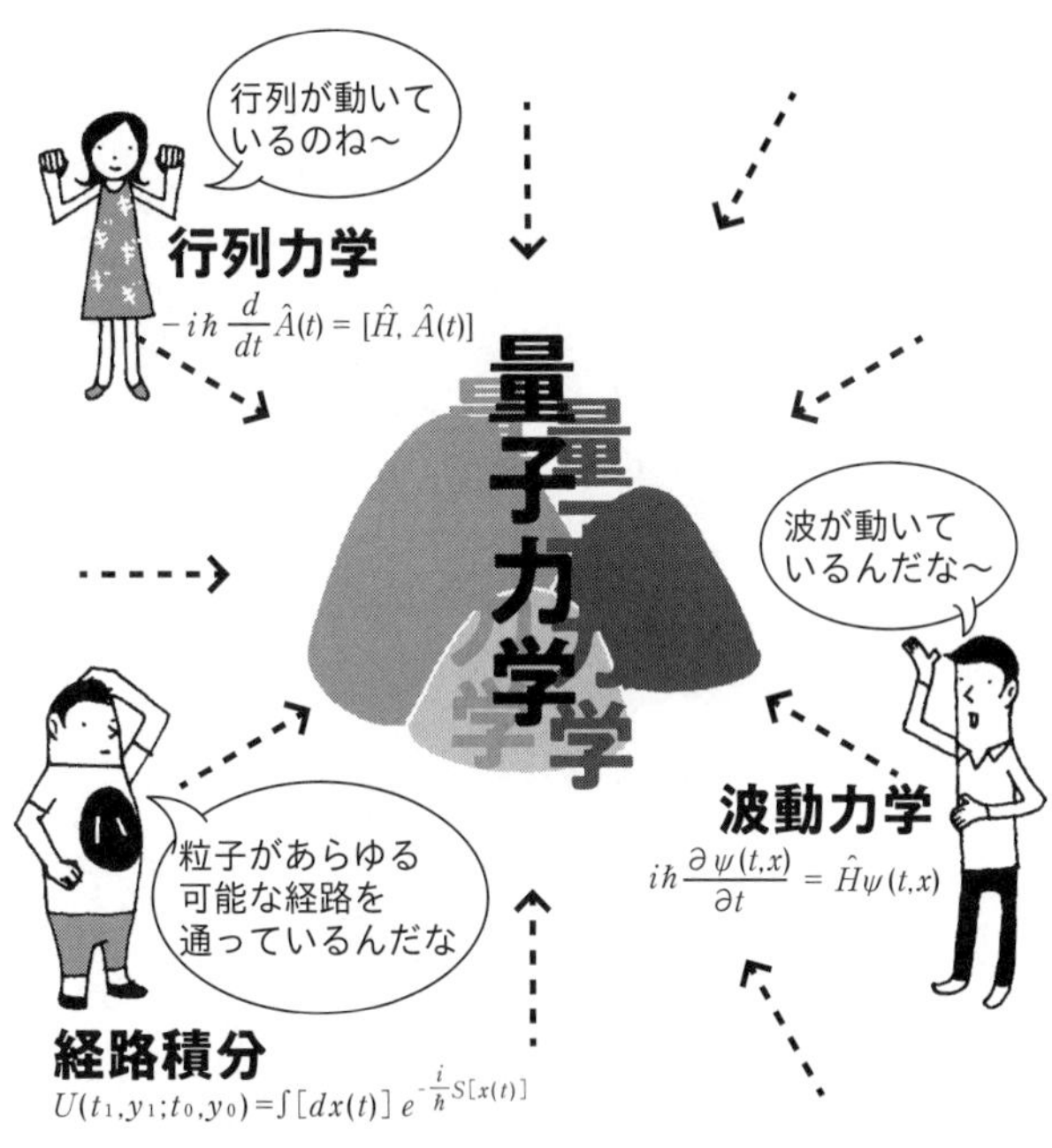

図5-9　量子力学の風景

て、そのポテンシャルの中を１個の粒子が完全に決まった経路に沿って運動すると考える「パイロット波理論」など、さまざまな量子力学が提案されています。おそらく、まだ誰も考えついたことのない量子力学もたくさん眠っていることでしょう。

喩えるなら、これらはすべて、「量子力学」というひとつの〝山〟を異なる立ち位置から眺めることで見える風景です（図５－９）。**量子の運動とは、行列の運動であり、波動関数の運動であり、あらゆる可能な経路を通る粒子の運動ですが、そ**

のいずれでもありません。まるで禅の公案のようですが、ここまで読み進まれた皆さんであれば言わんとすることの意味を摑んでいただけると思います。

五感と直接的な対応がつかず、直感的な理解が及ばない量子力学だからこそ、理解するには多角的な視点が不可欠です。おそらく、これは物事の理解全般に言えることなのでしょう。私たちひとりひとりが「理解している」と思って眺めているこの世界は、そのどの一片を取っても世界そのものではありません。量子に向き合う経験は、この当たり前の事実を改めて気づかせてくれると私は感じます。

さあ、私たちは今、量子を語るための十分な言葉を手にしました。第3章では「波と粒子の二重性」という手がかりだけを使って身の回りに見え隠れする量子の姿を浮き彫りにしましたが、今の私たちの装備はその頃と比べると天と地ほどの差があります。次の章では、新しい装備を手に、物質が織りなすこの世界を量子の眼で眺めていきましょう。

第6章

量子が織りなす物質世界

この世を形作るものは、突き詰めれば「粒子」または何かの媒体が揺れ動く「波」である。これは、私たちが自然界を素朴に眺めているとごく当たり前に至る結論ですが、第2章や第3章で見た通り、注意深く眺めるとこれは間違いです。素朴には波としか思えない光が粒子の側面を持っていなければ夜空にこれだけの星は見えませんし、素朴には粒子としか思えない電子が波動性を持たなければ原子はすぐに壊れてしまうでしょう。この世はそもそも量子でできているのであって、「粒子」とか「波」という概念自体が日常生活の中で培われた近似的な概念にすぎないのです。

第4章と第5章では、そんな古典的な直感の及ばない存在である量子を表現する「量子力学」の姿を眺めてきました。光も物質も、その本来の振る舞いは古典物理学ではなく量子力学に支配されています。

光と物質という全く見た目の異なる存在が「量子」という同じ根を持つというのは魅力的なストーリーですが、そうなると素朴な疑問が頭をもたげます。同じ量子なのに、どうして物質は粒子に、光は波に見えるのでしょう？

物質はどんどん切り分けていけるので、最終的には1個2個と数えられる粒子に辿り着くのは直感的にもわかりますが、その波動性を観るには、間接的な証拠に頼るか、注意深い実験を通じて干渉現象を観測する必要があります。一方、光は日常的にも干渉現象が観られるので波であることは簡単にわかりますが、その粒子性を観ようと思うと注意深い実験や考察が必要になります。どちらも波動性と粒子性を併せ持つ量子のはずなのに、物質は粒子っぽく、光は波っぽいのです。だからこそ、古典物理学は物質を粒子、光を波とみなして発展し、光の粒子性を発見したアインシュタインと電子の波動性を発見したド・ブロイがそれぞれノーベル賞を受賞したわけです。

結論から言うと、存在が粒子っぽいか波っぽいかは量子が持つ複数の特性が組み合わさって生じる副次的な問題で、本質はその「特性」の方にあります。中でも特に重要なのは、複数の量子が示す状態ベクトルのパターンの違いです。この違いこそが、私たちを取り囲む物質世界の姿を決定づける鍵と言っても過言ではありません。ここではその様子を見ていくことにしましょう。

素粒子は究極の没個性——同じ量子に区別はない

唐突ですが、真ん中に低い仕切り板の入った箱があったとしましょう。そこに2個のボールを入れて、蓋を閉めてシャッフルします。仕切り板は低いので、シャッフルしている間、ボールはふたつの部屋を自由に行き来できるとします。十分にシャッフルした後に箱を置いて蓋を開けたとき、左の部屋に入っているボールの個数を当てられたら賞金がもらえるとしたら何個に賭けるのがよいでしょう?

これは確率の問題です。ふたつのボールをA、Bと呼ぶことにしましょう。左にボールA、右にボールBが入っている状態を（A, B）、左に両方のボールが入っている状態を（AB, 0）などと書くことにすると、ボールの入り方は（AB, 0）、（A, B）、（B, A）、（0, AB）の4通りです。左の部屋にあるボールの数が0個なのが1通り、1個なのが2通り、2個なのが1通りなので、左の部屋に0個、または2個のボールが入っている確率はどちらも1/4、1個のボールが入っている確率は1/2です。賞金をもらいたければ、迷わず1個に賭けるべきです。

さて、今の考察で最も大切なのは、**2個のボールが原理的に区別できる**ことを暗黙のうちに仮定したことです。これは本来なら指摘するまでもない大前提です。例えば、ひとつのボールを何気なく取り上げて元に戻し、もう一度ボールを取り上げたとすると、そのボールがさっき取り上げたボールなのか、それとも別のボールなのかは、たとえ見た目では区別できなかったとしても決まっています。だからこそ、ふたつのボールにA、Bという名前をつけることができたのでした。左の部屋にボールが1個入っている確率が1/2なのは、ひとえにボールが区別できるからです。

普通のボールではあり得ませんが、もし2個のボールが**原理的にすら**区別できない存在だったらどうでしょう?　この場合、左右の部屋に1個ずつボールが入っていたとしても、その2個のボールには区別がないので、左右のボールを入れ替えても同じ状態です。となれば、左の部屋に2個のボールが入っている状態を（2，0）のように表したとすると、ボールの入り方のパターンは（2，0）、（1，1）、（0，2）の3通りです。この場合、左の部屋に入っているボールの数が2個でも1個でも0個でも、それが実現される確率は等しく1/3なので、0から2までどの個数に賭けても確率1/3で賞金がもらえることになります。**ボールが区別できるときとできないときでは実現される確率が違う**のです。

なぜこんな話をしたかというと、この確率の違いが量子の驚くべき特性を浮き彫りにしてくれるからです。量子の代表として2個の光子を考えましょう。光子をつまめるピンセットを使って光子を1個つまんで元に戻したとします。その後でもう一度光子をつまみました。そのときにつまんだ光子はさっきと同じ光子でしょうか？　それとも違う光子でしょうか？

もし光子が古典的なボールと同じような存在なら、つまみ上げた光子が他の光子とどれほど似ていても原理的には区別がつくはずです。または、つまみ上げた光子に印がつけられるならそれでもよいでしょう。ですが、今の相手は光子です。野球ボールなら、どんなに精巧に作ったとしても、質量の差や細かい傷のパターンの違いなどなど、無数の個性があるために原理的に区別できますが、光子の特徴は、電荷がゼロで質量もゼロ。他にも、まだ説明していない「スピン」と呼ばれる量がありますが、それを合わせても、光子を特徴づけるラベルは3つしかありません。

光子は恐ろしく単純なのです。それでもなお、2個の光子は区別できるでしょうか？

この手の問題を、「区別できるはずだ、いや、できないはずだ」などと、観念論だけであぁだこうだ言っても仕方がありません。必要なのは、ふたつの光子が区別できるかできないかを確かめる実験です。そして、私たちは今、このふたつを判定するためのアイディアを手にしています。中がふたつの部屋に分かれた光子を放り込める箱を用意して、そこにふたつの光子を放り込み、左の箱に入っている光子の個数を確認する、という実験を何度も行えば良いのです。もしも光子が区別可能な存在なら、左の箱に1個の光子が確認される頻度は0個や2個のときの倍になるはずですし、もしも光子が区別不可能な存在なら、0個、1個、2個のいずれも同じような頻度で観測されるはずです。

もちろん、本当に光子が入る仕切りの入った箱を用意するのは難しいので実験のプロセスは少し複雑ですが、本質的に同じ実験が実際に行われています。その詳細は省略しますが、そこから得られる結果は衝撃的です。恐ろしいことに、左の部屋に見つかる光子の個数が0個、1個、2個という状況が同じ割合で実現されることを示唆するのです。これは、**2個の光子は真の意味で区別できない**ことを意味しています。

ちなみにこの特性は、光子に限らず、あらゆる量子に共通です。すなわち、**同じラベルを持つ量子は互いに区別ができない**のです。特に、光子や電子に代表される「素粒子」と呼ばれる量子を区別するラベルは、質量、電荷、スピンなど、せいぜい数種類にすぎず、ひとつひとつの素粒子にはそのラベル以外の個性が一切ありません。標語的に言うなら、素粒子は究極の没個性なのです。

これは直感とは全く相容れません。何しろ「量子がふたつある」と言われたときに私たちが想像する「ふたつの小さなボールが並んでいる」という描像は現実を正確に表していないというのですから。おそらく、「ふたつの量子」を通常の意味で絵に描くのは不可能でしょう。強いて言うなら「電光掲示板の２点が光っているようなもの」と喩えてもよいですが、これも所詮は喩えです。この状態を正確に表現しようとしたら、現在のところ数学的な表現に頼らざるを得ません。逆に、そのような数学的な表現に触れているうちに、徐々に「量子がふたつある」という状況に直感が働くようになります。これもまた、量子を観る新しい「眼」のひとつです。

量子がふたつあると？

ここで、量子の状態は「状態ベクトル」で表されることを思い出しましょう。位置 x と y に量子がひとつずつあるような状況を表す状態ベクトルは、これまでの書き方なら $\vec{\psi}_{xy}$ とでも書くべきところですが、今大切なのは「量子が x と y にいる」という情報なので、その情報を見やすく

するために $|x,y\rangle$ と書くことにしましょう[※1]。これはどんなベクトルでしょう？
まず、xにいる量子とyにいる量子は区別できないので、これらを入れ替えても同じ量子状態でなければいけません。「それなら $|x,y\rangle = |y,x\rangle$ だな」と思った方、良い勘をしていますが、ひとつ見落としがあります。それは、量子力学では物理量の期待値しか予言できないということです。

第4章の内容を思い出すと、行列$\hat{A}$で表される物理量の期待値は、状態ベクトルを$\vec{\psi}$として、$\vec{\psi}^{\dagger}\hat{A}\vec{\psi}$ で与えられるのでした。この計算結果が量子力学の予言のすべてです。逆に言うなら、これと同じ結果を与えるような状態ベクトルは同じ量子状態を表していることになります。

内積 $\vec{\psi}^{\dagger}\hat{A}\vec{\psi}$ の中には、状態ベクトル$\vec{\psi}$とその複素（エルミート）共役$\vec{\psi}^{\dagger}$がペアで含まれていることに注意してください。状態ベクトル$\vec{\psi}$に大きさ1の複素数aをかけたベクトル$a\vec{\psi}$の複素共役は$a^*\vec{\psi}^{\dagger}$なので、$a\vec{\psi}$を使って計算された平均値は、$(a^*\vec{\psi}^{\dagger})\hat{A}(a\vec{\psi}) = |a|^2\vec{\psi}^{\dagger}\hat{A}\vec{\psi} = \vec{\psi}^{\dagger}\hat{A}\vec{\psi}$ のように元の期待値と全く同じです（aは大きさ1の複素数なので$|a|^2 = 1$であることに注意しましょう）。これはつまり、$\vec{\psi}$と$a\vec{\psi}$は同じ量子状態を表す状態ベクトルだということです。

話を $|x,y\rangle$ に戻しましょう。今述べたように、位置を入れ替えた状態ベクトル $|y,x\rangle$ が元の量

※1 ちなみにこの記法は「ディラックのブラケット記号」と呼ばれて、ベクトルを表現するのに大変便利です。詳しくは付録を参照してください。

子状態と同じであるために、$|y,x\rangle$ と $|x,y\rangle$ が完全に一致している必要はありません。$|y,x\rangle = a|x,y\rangle$ のように、大きさ1の複素数倍だけ変わっていても構わないのです。

とはいえ、どんな定数 a でも許されるかというとそうではありません。ポイントは、「**入れ替え」は2回繰り返すと元に戻ること**です。$|y,x\rangle = a|x,y\rangle$ だったとして、この両辺の x と y をもう一度入れ替えると、$|x,y\rangle = a|y,x\rangle$ となります。この右辺に元々の式 $|y,x\rangle = a|x,y\rangle$ を代入すると、$|x,y\rangle = a^2|x,y\rangle$ となります。これが成り立つには $a^2 = 1$ でなければいけません。二乗して1になるような複素数は1と−1しかないので、「量子が x と y にひとつずついる状態」を表す状態ベクトルは、$|y,x\rangle = |x,y\rangle$ のように x と y を入れ替えると完全に元に戻るようなもの（$a = 1$）か、または、$|y,x\rangle = -|x,y\rangle$ のように入れ替えると符号が反転するようなもの（$a = -1$）のいずれかであるということです。以下、前者のような状態を $|x,y\rangle_{対称}$、後者のような状態を $|x,y\rangle_{反対称}$ と書くことにしましょう。

フェルミオンとボゾン

この違いは些細に思えるかもしれませんが、そんなことはありません。後で見るように、この違いが世界の姿にそのまま反映されます。

もし、ある2個の量子が $|y,x\rangle_{\text{反対称}} = -|x,y\rangle_{\text{反対称}}$ を満たしたとしましょう。このとき、x と y が違う値ならいいのですが、$x = y$、すなわち、ふたつの量子が同じ位置にいたらどうなるでしょう？　当然、$|x,x\rangle_{\text{反対称}} = -|x,x\rangle_{\text{反対称}}$ なので $|x,x\rangle_{\text{反対称}} = 0$ となってしまいます。状態ベクトルがゼロということはそんな量子状態は存在できないということです。**位置の入れ替えに対して状態ベクトルの符号を変えるような量子は、同じ位置に同時存在できない**のです。これを「パウリの排他律」と呼び、このように、位置を入れ替えると状態ベクトルの符号が反転するような量子は「フェルミオン」と呼ばれます。

一方、ある量子が $|y,x\rangle_{\text{対称}} = |x,y\rangle_{\text{対称}}$ を満たすような状態で表現されているとしましょう。この場合、$|x,x\rangle_{\text{対称}}$ がゼロになる理由はないので、一般に $|x,x\rangle_{\text{対称}}$ はゼロではない値を持ちます。すなわち、フェルミオンと違って、ふたつの量子が何の問題もなく同じ場所に重なることができます。このように、位置を入れ替えると状態ベクトルそのものが元に戻るような量子は「ボゾン」と呼ばれます。

例えば電子はフェルミオンです。少し先取りして述べると、通常の物質が粒子っぽく振る舞うのは電子がフェルミオンだからです。これをちゃんと説明するにはもう少し準備が必要なのでここでは深入りは避けますが、一点だけ、電子がフェルミオンであるからと言って、電子そのものが常に粒子っぽく見えるわけではないことには注意しましょう。実際、既に見たように、電子は状況次第で粒子に見えたり波に見えたりします。フェルミオン性／ボゾン性はふたつの量子の関係で決まるので、1個の量子の粒子っぽさ／波っぽさにはあまり関係しません。

ちなみに、電子だけでなく、原子核を構成する陽子や中性子もフェルミオンです。陽子や中性子は「クォーク」と呼ばれる素粒子が3個集まってできたものですが、このクォークもまたフェルミオンです。このように、話を素粒子に限るなら、物質を構成する骨格となる量子がフェルミオンです。

一方、光子はボゾンです。例えばレーザー光線は、光子が同じ場所に大量に重なり合ってできています。光子1個が持つエネルギーは非常に小さいので、大量の光子が集まるとその場所のエネルギーはあたかも連続的に変化するように見えます。水は、本当は水分子というツブツブからできているのに、大量に集まると滑らかに見えるのと同じです。このような状況では、あたかも連続的なエネルギーが空間に分布しているように見えるので、レーザー光線は全体として波のように振る舞うというわけです。この場合も、光子1個が常に波っぽいわけではないことに注意してください。

ボゾンは光子以外にもあります。実は、物質が今の形を保てているのは、数々のボゾンたちが縁の下の力持ち的な役割を果たしているおかげです。例えば、陽子や中性子はクォークが3個集まってできていると言いましたが、何もせずにクォークが集まるはずはありません。実は、クォークのまわりには〝糊〟の役割を果たすボゾンが無数に飛び交っていて、そのボゾンを共有し合うことでクォークが結びつけられているのです。クォークを結びつけるこのボゾンの名前は直球ド真ん中の「グルーオン」(和名：糊粒子)。陽子や中性子が存在できるのは、ボゾンであるグルーオンがクォークの間を満たしているおかげというわけです。

ちなみに、電子同士が反発したり、電子が原子核に引きつけられたりするのは、電子や原子核の間に電磁気力が働くからですが、このときに〝糊〟の役割を果たすのはなんと光です。これは、電磁気力が電場と磁場を媒介した力で、光は電場と磁場の波であることを思い出すと自然と理解できます。クォークが糊粒子に取り囲まれているのと同様、電荷を持つ電子や原子核は光子に取り囲まれていて、電磁気力が働くのはその光子を共有するおかげです。素粒子の世界では、力はボゾンによって媒介されているのです[※2]。

※2　質量の起源として知られるヒッグス粒子もボゾンなので、全てのボゾンが力を伝えるわけではありません。

スピン——量子の回転

良いタイミングなので、ここで先ほど名前だけ登場したスピンについて説明しましょう。ずっと見てきたように、量子力学の最大の特徴は、物理量が普通の数ではなく行列で表されることです。これまでは物理量として位置や運動量を考えてきましたが、もちろん物理量はそれだけではありません。回転の勢いを表す「角運動量」も立派な物理量です。

質量と速度の積として定義される「運動量」は、言うなれば物体が進行方向に持つ勢いです。実際、重くて速い物体ほど止まりにくいものです。角運動量はその回転版で、ある軸を回る物体の角運動量は、【回転軸からの距離［m］】と【物体の質量［kg］】と【軸に垂直な方向の速さ［m/s］】の積として定義されます。これが回転の勢いを表すのは、回っている独楽を思い浮かべると納得できます。速く回る独楽とゆっくり回る独楽、どちらが止めにくいかといえば、もちろん速く回る独楽です。また、同じ回転数で回っていたとしても重い独楽は止めにくいですし、回転半径の大きな独楽もやはり止めにくいものです。【回転軸からの距離［m］】、【物体の質量［kg］】、【軸に垂直な方向の速さ［m/s］】のすべてが「回転の勢い」に寄与していることがわかります。そのため、角運動量の単位は［kg・m²/s］です。

この単位、どこかで見覚えがないでしょうか？　不確定性関係「位置の不確定性と運動量の不確定性の積がプランク定数程度以上になる」（109ページ）を思い出してみましょう。位置の単位は［m］、運動量の単位は［kg・m/s］です。「それらの不確定性の積がプランク定数以上になる」ということは、プランク定数の単位は位置と運動量の積である［kg・m²/s］でなければいけません。これは角運動量の単位です。**プランク定数は角運動量の単位を持つ**のです。

このことから、量子の世界では**角運動量は連続的ではあり得ず、プランク定数（$\hbar$）の単位で飛び飛びにしか変化できない**だろうと予想できます。というのも、プランク定数が文字通り定数だからです。光子のエネルギーがプランク定数に比例することからもわかる通り、この宇宙にとってプランク定数は特別な値です。この宇宙に存在しているあらゆる電荷が1.6×10^{-19}Cを単位とした整数倍になっているように、宇宙が定めた定数はその概念の「単位」になっていると考えるのが自然です。そして、この予想は大当たりで、角運動量を表す行列を構成して数学的に確かめることもできます。**プランク定数$\hbar$は角運動量の変化の単位**なのです。これを「角運動量が量子化されている」などと表現します（少々言葉の乱用ですね）。

　ここで、クイズをひとつ。この宇宙で最も小さな（ゼロでない）角運動量の大きさはいくつでしょう？　ヒントは、角運動量は$\hbar$の単位でしか変化できないことです。

「$\hbar$じゃないの？」と思った方、惜しいです！　なぜなら、それはこの世で2番目に小さな角運動量だからです。ポイントは、回転には向きがあるので、角運動量にはマイナスの値も許されることです。もし$\hbar$という値の角運動量があるなら、$-\hbar$という角運動量もなければいけません。その差は$2\hbar$なので、許される単位の2倍。若干無駄があります。

　気づかれた方もいるでしょう。最小の角運動量は$\hbar/2$です。この場合、回転方向が逆になれば角運動量は$-\hbar/2$となり、その差はちょうど$\hbar$です。大きさの等しい正負の値を持ち、その差がちょうど$\hbar$になるような量はこれしかありません。この「最大の角運動量が$\hbar/2$」であるような量子は「スピン½を持つ」と言います。同様に、最大の角運動量が$\hbar$なら「スピン１」です。

スピン½の量子は、回転の方向によって$+\hbar/2$という角運動量を持つ状態と、$-\hbar/2$という角運動量を持つ状態の２通りの回転状態があります。伝統的に、前者を「上向きスピン」、後者を「下向きスピン」と呼ぶ習わしがあります。スピン½のときに限った特別な名称です。先ほど、説明なしに「電子はスピンを持つ」と言ったのはこれのことです。電子はこの世で最も小さな角運動量を持つスピン½の量子なので、その回転方向には「上向き」と「下向き」の２通りがあります。

ちなみに、これもまた習わしですが、スピン１の（質量ゼロの）量子に関しては、「スピン」とは言わずに「偏光」と呼ぶことが多いです。角運動量が$\hbar$の状態を「左回り偏光」、$-\hbar$の状態を「右回り偏光」と呼びます。光子のスピンが１なので光の特性を表す用語を質量ゼロでスピンが１のすべての量子に延用しているのですが、伝統ということでご了承ください。

蛇足ながら、この説明から、この世には$\hbar$の整数倍か半整数倍の角運動量しか許されないことがわかります。さもなければ、プラスの角運動量とマイナスの角運動量の差が$\hbar$の整数倍にならないからです。さらに、角運動量がひとたび$\hbar$の整数倍になったら、その量子の角運動量が$\hbar$の半整数倍になることはありません。$\hbar$の整数倍にいくら$\hbar$を足し引きしても値が$\hbar$の半整数倍になることはないからです。同様に、量子の角運動量が$\hbar$の半整数倍になったら、その値が$\hbar$の整数倍になることもありません。「$\hbar$の整数倍の角運動量を持つ量子」と「$\hbar$の半整数倍の角運動量を持つ量子」は完全に分離しているのです。

そして、これはボゾンとフェルミオンの別側面でもあります。**「$\hbar$の整数倍の角運動量を持つ量子」はボゾン、「$\hbar$の半整数倍の角運動量を持つ量子」はフェルミオン**なのです！　実際、ボゾンである光子やグルーオンはスピン1、フェルミオンである電子やクォークはスピン$\frac{1}{2}$を持ちます。証明は省略しますが、「スピンと統計の関係」と呼ばれるこの事実は、素粒子物理学の最も基本的な定理のひとつです。ボゾンとフェルミオンがいつの間にか入れ替わったりしないのは、プランク定数が角運動量の基本単位になっているからこそなのです。このような単純な数理が自然界に反映されていることの不思議を噛みしめずにはいられません。

状態は「位置」だけではない

もうひとつだけ小さな補足をさせてください。ここまでは、説明の都合上、「位置が決まった量子状態」を考えましたが、第4章でさんざん強調したように「位置が決まっている」というのは量子にとってはものすごく特殊な状態です。一般には、量子はさまざまな場所に同時分布していますし、その運動量もさまざまな値を同時に持ちます。また、先ほど説明したように、一口に電子と言っても「上向きスピン電子」と「下向きスピン電子」の2種類があります。そして、スピンもまたひとつの「状態」です。ひとつの電子がさまざまな位置に同時存在するのと同様、ひとつの電子のスピンもまた上向きと下向きが共存しているのが普通です。ですから、電子の量子状態というのは、位置や運動量の分布だけでなく、スピンの分布も考えてようやく決まるものです。

このような事情を考えると、先ほど述べた「フェルミオンは同じ位置に同時存在できない」は少々言葉足らずです。正しくは「フェルミオンは同じ**状態**に同時存在できない」と言うべきです。

ものに触れるということ

さて、前置きが長くなりましたが、ここからは視点を身の回りに移しましょう。電子がフェルミオンであることがわかると、身の回りの物質が持つさまざまな特性に合点がいくようになります。その典型例が「ものは手で触れられる」という当たり前すぎる事実です。

実は、物質が原子でできていることを考えると、ものに触れるというのはとても不思議なことです。原子は原子核のまわりを電子が回っているというのは既に見た通りですが、電子は原子核から概ね0.1㎚くらいの距離のところを回っています。これが原子の大きさです。それに対して、原子の中心である原子核の大きさは概ね１００万分の１㎚程度。原子全体の大きさの、実に10万分の1です。10メートル四方程度の普通サイズの教室が原子だとしたら、原子核は教室の真ん中に浮いている一粒の埃くらい。それ以外の領域は真空です。**原子はスカスカ**なのです。私は今パソコンのキーボードを叩いていますが、私の指もキーボードも原子でできている以上、共にスカスカです。普通に考えたら、ここまでスカスカなもの同士を接触させようとしても互いにすり抜けてしまうはずなのに、指はパソコンにめり込むことなく確実にキーボードを捉え、順調に文章が書けています。なんと面妖なことでしょう。

秘密は、電子のフェルミオン性にあります。第2章で、原子核のまわりを回る電子は波の性質を持つために飛び飛びの軌道しか回れないという説明をしました。このときの説明は前期量子論的なので若干不正確ですが、「原子核のまわりの電子は飛び飛びの状態しか取れない」という本質的な部分は正しく捉えていました。ただし、量子力学が描き出す電子は、「軌道」という言葉から思い浮かぶような円軌道をグルグル回っているわけではありません。量子力学を使って計算すると、原子核に捉えられた電子の状態ベクトル（波動関数）は、原子核を取り囲む立体的な領

域に値を持ちます。この量子状態こそが「軌道」です。状態ベクトルの値は量子の存在密度を表しているので、その軌道を回る電子は原子核を取り囲む〝雲〟のように分布していると思った方が正確です（「分布」と言いつつ、その実体はあくまで1個の電子であるというのが量子の面白いところです）。ですから、「電子が軌道Aを回る」とか「電子が軌道Aに入る」というのは、量子の言葉で言うなら、「その電子が|A⟩という状態ベクトルに対応する量子状態を取っている」という意味に捉えなければいけません。

ここで大切になるのが「電子はフェルミオンである」という事実です。電子には上向き（|↑⟩と下向き（|↓⟩）のスピン状態しかないので、|A⟩という軌道に入っている電子は、「軌道がAでスピンが上向きの状態」と「軌道がAでスピンが下向きの状態」以外にありません。フェルミオンである電子は、同一の量子状態には1個の量子しか入れないので、ひとつの軌道にはスピンの異なる2個の電子しか入れないのです。結果として、原子核のまわりを複数の電子が回っているときには、エネルギーの低い軌道から順番に2個ずつの（異なるスピンの）電子が占有して、複数の電子の「雲」が原子核を取り囲みます。したがって、もしも原子の姿を絵に描くとしたら、一番外側に分布している「電子の雲」の形を描くことになるでしょう。

物質はすべて原子でできているので、物質の表面とは電子の雲です。私たちの身体も、パソコンのキーボードも、その表面はすべて電子の雲。「触る」ということは、そんな電子の雲同士が接近することです。指の表面を作る電子雲とキーボードの表面を作る電子雲が接触しようとしても、両方の軌道は既に電子で占有されているので「重なった電子雲」は実現できず、指はキーボードの表面ちょっと手前で止まります。このような仕組みで生じる力を「縮退圧」と呼びます。私たちがものに触れるのも、もの同士がぶつかって跳ね返るのも、この縮退圧のおかげです。これこそが、物質が粒子っぽい理由です。もし電子がボゾンだったら縮退圧が生じることはないので、物体はまるで幽霊のようにお互いにスルスルとすり抜けていくことでしょう。いや、それ以前に、電子がボゾンなら、ほとんどの電子はエネルギーの一番小さな軌道に入ってしまうので原子そのものが今の形を保てません。身の回りの物体が「形」を持ってお互いに接触できるのは電子がフェルミオンであるおかげなのです。

この世に水や空気があること

第3章で、原子が結合して分子を作るのは、原子同士が近づいたとき、電子が単独の原子核を取り囲む【単独軌道】を回るよりも複数の原子核を取り囲む【取り囲み軌道】を回る方がエネルギーが小さくて済むためだ、というお話をしました。そのときは前期量子論的な見方を使いましたが、今であれば、ここで言う「軌道」が電子の量子状態だとわかると思います。これを理解すると、このお話はひと味違った様相を帯びるようになります。

一例として、同じ種類の原子がふたつある状況を考えてみましょう。もちろん、それぞれの原子のまわりには電子が回っているので、2個（以上）の電子を考えていることになります。複数の量子があるときには、「ふたつの量子は互いに区別できない」という特性をいつも考慮に入れる必要があります。この視点は前期量子論にはありませんでした。もっとも、ふたつの原子が遠く離れているなら、電子はひとつの原子からしか影響を受けないので、その電子が片方の原子に所属すると考えるか両方の原子に所属すると考えるかは、単純に視点の違いにすぎません。ですが、原子同士が近づくと話が変わります。電子は両方の原子から力を受けるので、どちらの原子も無視できなくなるからです。この場合、「互いに区別できない」という量子の特性を大真面目に考える必要が出てきます。実際、どちらの原子のまわりにも電子の存在密度があり、電子が互いに区別できないのであれば、ひとつの電子がどちらの原子にも存在密度を持つと言うしかありません。その電子が元々どちらの原子に属しているか、などと考えても意味がないのです。

この内容は、状態ベクトルの言葉を使うとより具体的に表現できます。ふたつの原子を「原子1」と「原子2」と呼び、これらが遠く離れているときに、それぞれのまわりにいる電子の軌道（状態ベクトル）を|1〉、|2〉と表しましょう。そして、これらを使って「どちらの原子にも同時に属している状態」をあらかじめ作っておくことにします。ポイントは、ベクトルは足し算できる

ことです。「どちらの原子にも同時に属している状態」は、$|1\rangle$と$|2\rangle$を等しい割合で足し合わせることで作れます。ただし、ベクトルを足し合わせるときには係数がつけられるので、等しい割合での足し合わせには、（全体の係数を除いて）$|+\rangle_\infty = |1\rangle + |2\rangle$と$|-\rangle_\infty = |1\rangle - |2\rangle$の2通りが考えられます。ちなみに、添え字の〝∞〟（無限大）は、ふたつの原子が遠く離れていることを表すためにつけた記号です。$|+\rangle_\infty$と$|-\rangle_\infty$は$|1\rangle$と$|2\rangle$を足し合わせただけなので、同じ大きさのエネルギーを持っていることに注意しておきます。

ここまでは原子が遠く離れているときのお話です。原子が近づくと、電子の軌道は両方の原子から影響を受けて変形されます。軌道とは状態ベクトルのことです。すなわち、遠く離れているときには$|+\rangle_\infty$、$|-\rangle_\infty$で表されていた状態は、原子との相互作用によって別のベクトルに変化します。変形後の状態ベクトルを$|+\rangle$、$|-\rangle$と書きましょう。こうして変形されたベクトルは、もはや単純な$|1\rangle$、$|2\rangle$の足し算では表せず、これらの状態に属している電子は本当の意味で両方の原子のまわりに同時に存在します。

さらに、原子からの影響を受けて$|+\rangle_\infty$、$|-\rangle_\infty$が$|+\rangle$と$|-\rangle$に変形される際、$|+\rangle_\infty$と$|-\rangle_\infty$では受ける影響が異なります。具体的な計算はこの本の範囲を超えるので省略しますが、$|+\rangle_\infty$、$|-\rangle_\infty$は同じ大きさのエネルギーを持っていたにもかかわらず、一般には$|+\rangle$と$|-\rangle$ではエネルギーが異なります。ここでは、$|+\rangle$の方が$|-\rangle$よりもエネルギーが小さくなるとしましょう（図6－1）。

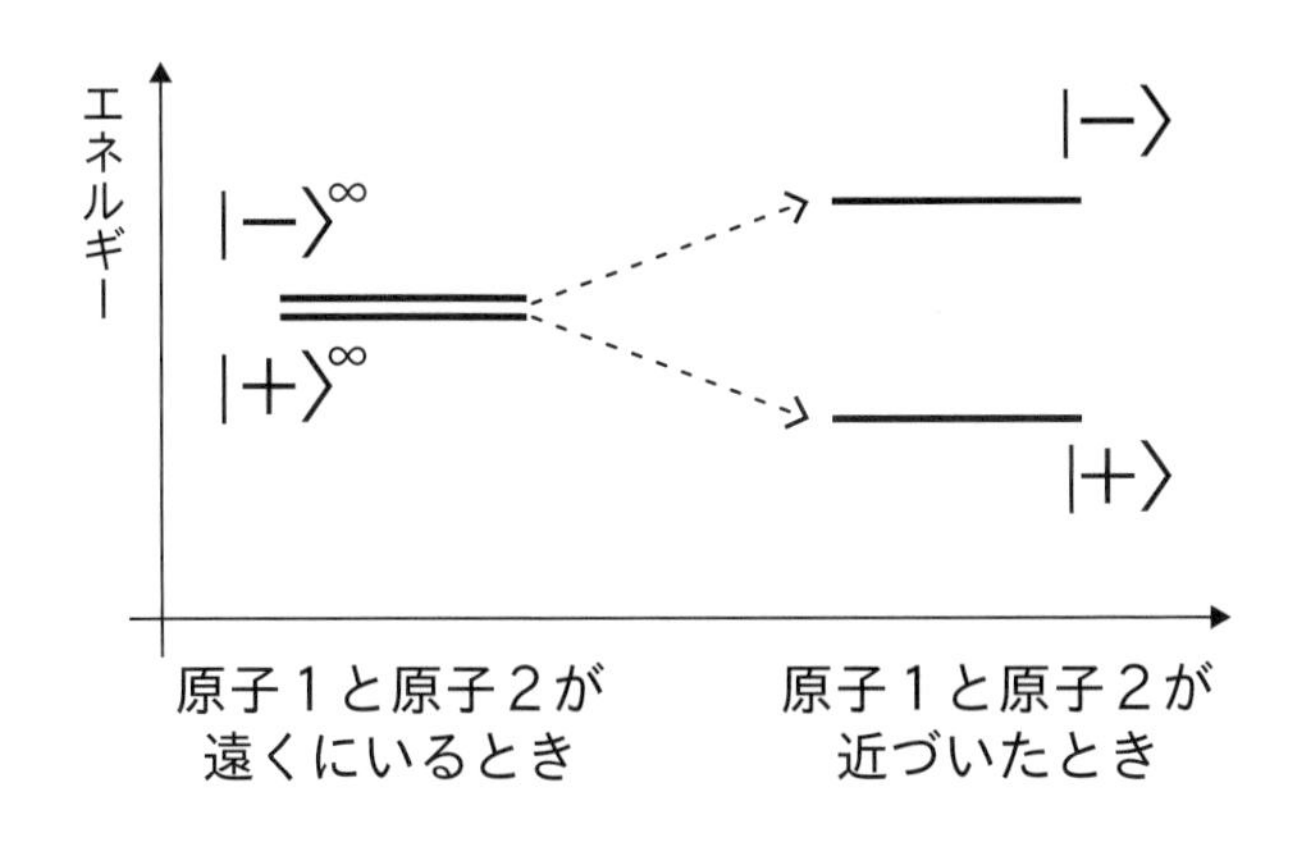

図6-1　ふたつの原子のまわりの電子のエネルギー
原子が遠くにいるときはふたつの軌道は同じエネルギーを持つが、原子同士が近づくと原子との相互作用の影響でエネルギーに差が生じる

原子同士が結合するかどうかは、こうして作られた新しい軌道が、単独の原子のまわりを回る軌道に比べてエネルギーが低いかどうかで決まります。原子同士が近づくことでできた新しい軌道 |+⟩ のエネルギーが単独の原子のまわりを回る |1⟩、|2⟩ のエネルギーよりも小さくなったとしましょう。こうなると、電子にとっては、原子が遠く離れていて軌道 |1⟩、|2⟩ にいるよりも、原子が近づいて |+⟩ の状態にいる方がエネルギーが小さいので安定します。

結果、電子は |+⟩ 状態に相当する「両方の原子を取り囲むような雲状の分布」を形成し、ふたつの原子は全体としてひとつの立体的な構造物になります。これが分子です。第３章で【取り囲み軌道】と呼んでい

たのはこの$|+\rangle$状態のことです。今の例では、簡単のために同じ種類の原子がふたつある場合を考えましたが、異なる原子でも、3個以上の原子でも起こることは同じです。複数の原子が近づくことで、電子はそれらの原子のすべてから力を受けるようになり、すべての原子にまたがる軌道が形成されます。空気を構成する酸素分子や窒素分子、我々の生命活動に欠かせない水分子はこうしてできあがったものです。

逆に、新しくできあがった軌道の方が単独の原子のまわりの軌道よりもエネルギーが大きければ分子は形成されず、原子は単独で存在し続けることになります。ヘリウムやアルゴンが分子を作らず、単原子で安定しているのはそのためです。

大切なので強調しますが、今の説明は、電子がフェルミオンであることが本質です。実際、原子同士が近づくと、まずは一番外側の軌道が変形を受けて【取り囲み軌道】を作りますが、その内側にはもっとエネルギーの低い【単独軌道】がたくさんあります。にもかかわらず電子が内側の軌道に入らないのは、その軌道には既に他の電子が入っていて、フェルミオンである電子には追加で入る余地がないからです。もしも電子がボソンならその制限はありません。この場合、原子同士が接近しても分子は作られず、この世には酸素も水もアルコールも、もちろん人体もなく、身の回りの風景は大きく違ったものになるでしょう。この世に空気や水が存在していること自体が量子の理を反映しているのです。

導体と絶縁体

今考えたのは比較的少数の原子から構成される分子ですが、原子の中には、2個よりも3個、3個よりも4個の原子が結合した方がエネルギーが小さくなるものも存在します。金、銀、銅、鉄、アルミニウムなどに代表される金属や、炭素やケイ素のように結晶を作るような原子たちがその仲間です。このような原子の場合、集まった無数の原子にまたがる電子軌道を形成した方がエネルギーが小さくて安定するので、原子たちは寄り集まり、電子たちはそのまわりを包み込む〝雲〟を作ります（もちろん、一つ一つの原子のまわりには【単独軌道】を回る電子が残っています）。金属や炭素の結晶（ダイヤモンド）、ケイ素の結晶はこうしてできあがったものです。

ここで素朴な疑問を。金属もダイヤモンドもケイ素の結晶も同じようにできあがるのですが、金属は電気を通すのに対してダイヤモンドは電気を通しません。ケイ素（シリコン）の結晶は半導体として有名ですが、これは混ぜ物をしているためで、純粋なケイ素の結晶はダイヤモンドと同様に電気を通しません。同じように作られた物質なのに、一体何が違うのでしょう？　実は、この電気的な特性を決めているのはまたしても電子のフェルミオン性です。その様子を見ていきましょう。

ふたつの原子が近づくと、それぞれの原子のまわりにあった軌道が混ざり合って変形し、エネ

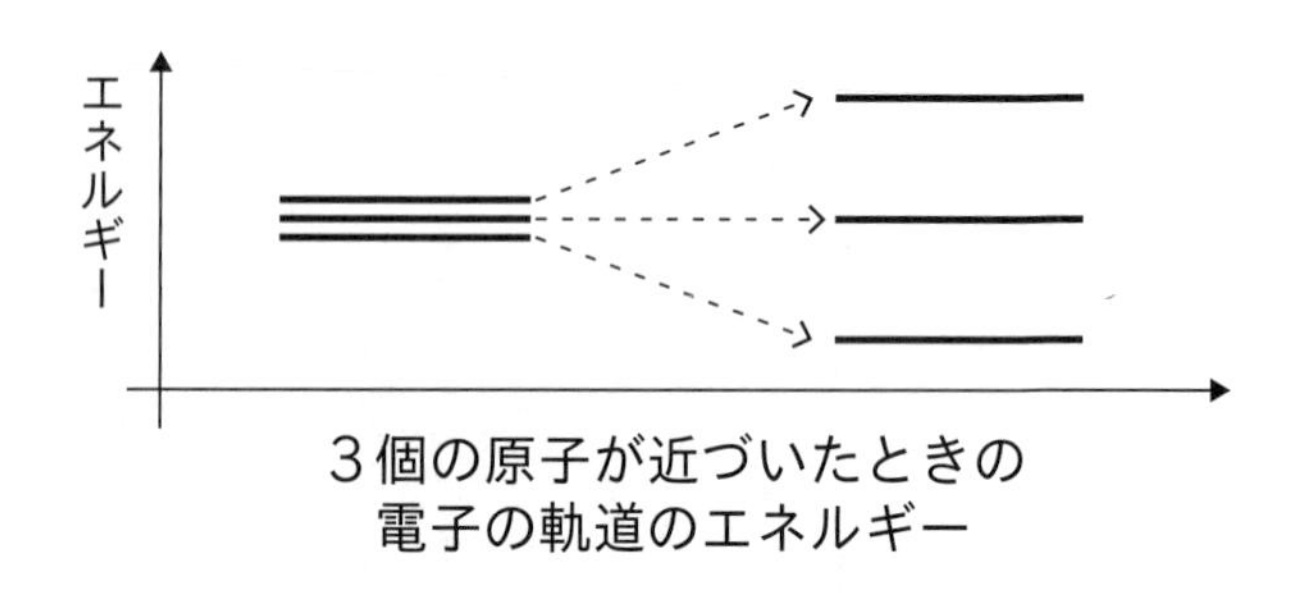

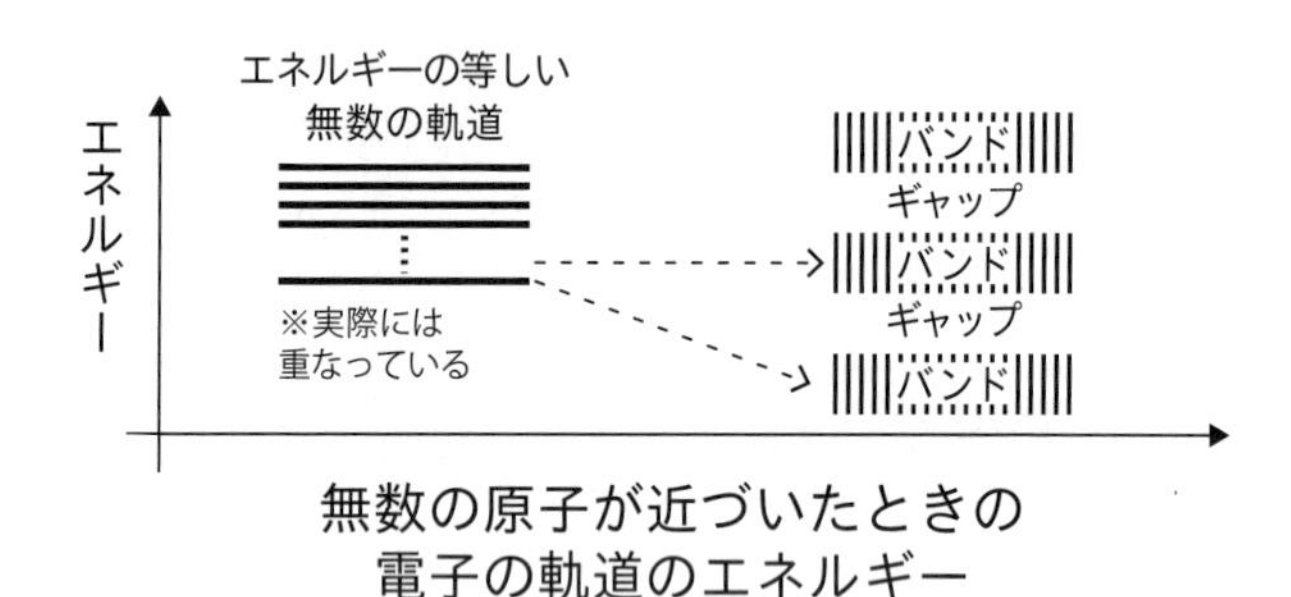

図6-2　3個以上の原子が近づいたときの電子の軌道のエネルギー
3個の軌道からは、エネルギーの異なる3個の軌道が生じる。無数の原子が結合すると、無数の軌道が一定のエネルギー幅の中に詰まった「バンド」が複数形成される。バンドとバンドの間には軌道は存在せず、「ギャップ」と呼ばれる

ルギーの異なるふたつの軌道ができ上がったのでした。

この事情は結合する原子が増えても同じです。3個の原子が近づくと、原子間の相互作用の影響でエネルギーが異なる3つの軌道が作られます（図6-2上）。無数の原子が近づくときも同様で、それぞれの原子が持っていた軌道は、他の原子からの影響を受け

て混ざり合って変形し、エネルギーの異なる無数の軌道に再構成されます。

ただし、これらの軌道は元々同じエネルギーを持っていたことを忘れてはいけません。エネルギーの差は、あくまで原子間の相互作用によって生じたものです。1個の原子が影響を及ぼせる距離には限度があるので、どんなにたくさんの原子が集まっても、作り出せるエネルギー差には限度があります。そのため、できあがった無数の軌道は、ある一定のエネルギー幅の中にみっちりと詰まって、ほとんど連続的なエネルギー分布を形成します。このようなエネルギー分布は、絵に描くと帯（バンド）のようになることから「**バンド**」と呼ばれます。とはいえ、できあがった軌道がすべて連続的につながるわけではありません。バンドは複数できて、それぞれのバンドの間には軌道が一切ない「**ギャップ**」が形成されるのが普通です。このように、無数の原子が結合した物質のまわりの電子は、「ギャップ」によって分離された「バンド」という構造を持った軌道に分布することになります（図6－2下）。

このバンドとギャップの構造、そして、電子のフェルミオン性が結晶の性質を解き明かす鍵です。無数の原子が結合している結晶には無数の電子が含まれています。電子は、基本的になるべくエネルギーの小さい軌道に入ろうとしますが、スピンを持つフェルミオンである電子は同じ軌道に高々ふたつしか入れません。結晶のまわりに電子を詰めていくと、一番エネルギーの低いバンドから順番に電子が埋まります。そのバンドがいっぱいになると、もはやそこには電子は入れないので、電子は次のバンドに入っていきます。そんな感じで、結晶の中の電子は、エネルギーの低いところから順番にバンドを埋めていきます。

これはちょうど、複数のグラスに水を注ぐ様子に似ています。グラスがバンド、水が（無数の）電子の喩えです。ひとつのグラスが満タンになったら、もはやそのグラスには水は注げないので、水は次のグラスに注がれます。ひとつのグラス（バンド）に入る水（電子）の量が決まっているというのが、まさしく電子のフェルミオン性に対応しているわけです。

ここまで準備ができると、同じ仕組みで結合しているにもかかわらず電気が通らない結晶（ダイヤモンドなど）と通る結晶（金属）がある理由がわかります。その違いは、電子を全部詰め終わったときに、バンドがきっちり埋まっているか、それとも、バンドにまだ余裕があるかです。水とグラスの喩えで言うなら、１ℓの水を５００㎖のグラスに注ぐのが前者、６００㎖のグラスに注ぐのが後者です。前者では2個のグラスがぴったり満タンの状態で注ぎ終わるのに対し、後者では2個目のグラスの途中までしか入らず、グラスには余裕が残ります。

もし、電子がバンドの上まできっちりと埋まった結晶に電圧をかけたらどうなるでしょう？素朴に考えると電子は動き出しそうなものですが、量子力学の場合、電子に電圧をかければ必ず動くわけではありません。電子が動くということは、電子がエネルギーを獲得して、より大きなエネルギーを持つ新しい量子状態に移るということです。逆に言うなら、その「より大きなエネ

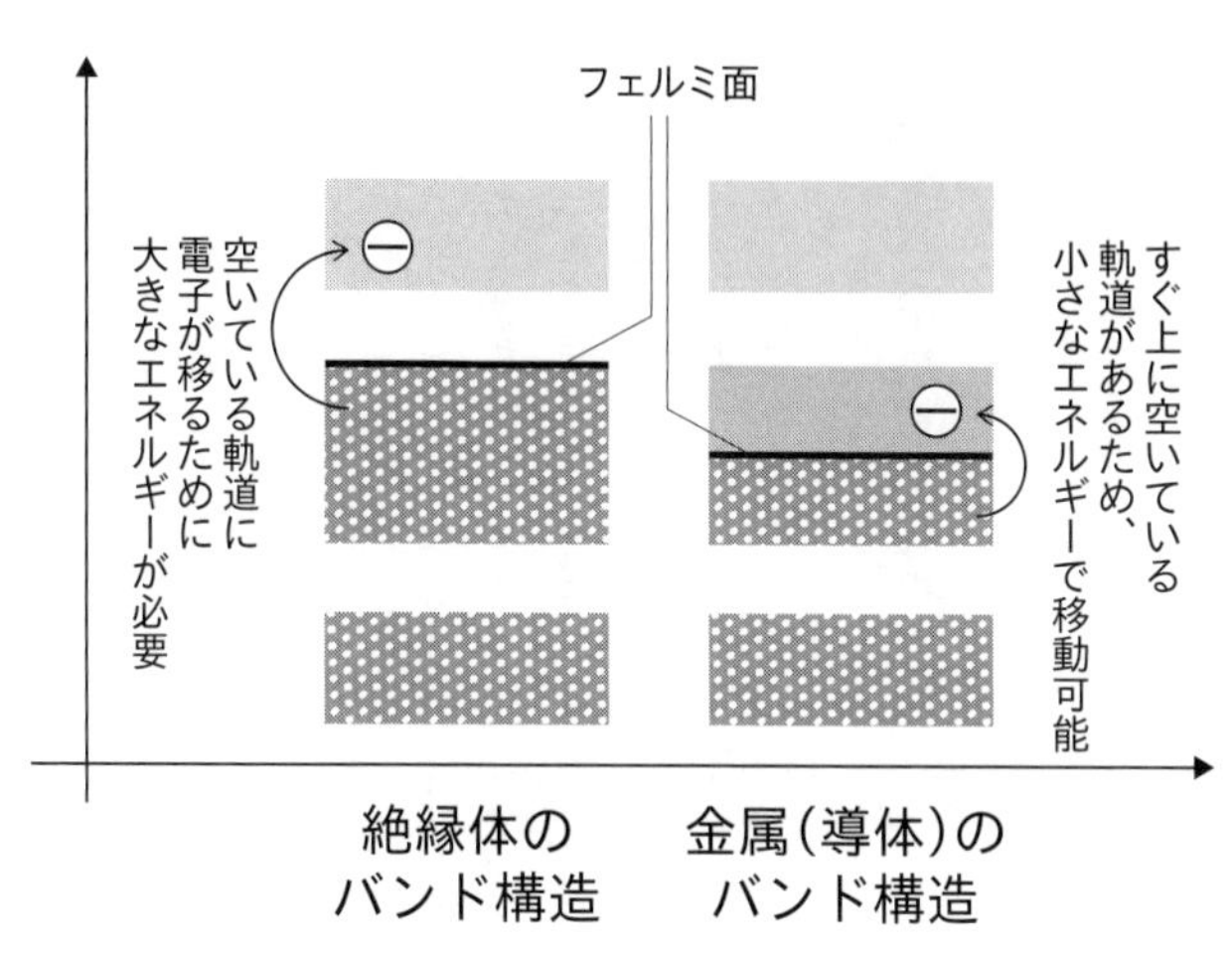

図6-3　絶縁体（左）と金属（右）のバンド構造
電子のエネルギー分布の表面を「フェルミ面」と呼ぶ

ルギーを持つ新しい状態」が量子力学的に許されない限り、すなわち、その状態がシュレディンガー方程式の解になっていない限り、電子はエネルギーを獲得できません。

バンドがきっちり埋まっている今の場合、電子に許される移動先は、大きなエネルギーギャップの先にある次のバンドです。ギャップを飛び越えるために必要なエネルギーはかなり大きなものです。結果、ちょっとやそっとの電圧をかけたくらいでは電子には行き先がないために、電流は流れません。これが絶縁体です。ダイヤモンドやケイ素の結晶はこのようになっています（図６−３左）。

逆に、バンドが完全に埋まっていなかったとしましょう。バンドはほとんど連続的なエネルギー分布を持つ軌道の集まりなので、エネルギー分布の表面付近の電子は、ちょっとでもエネルギーを獲得すれば、すぐ上にあるバンド内の空いている軌道に移ることができます。結果として、電圧がかかると、これら行き先のある電子たちが一斉にエネルギーを獲得して動き出し、電流が生じます。このような性質を持つ物質が金属（導体）です（図6−3右）。

余談ながら、この「エネルギー分布の表面」は物質の性質を決める大切な概念なので特別な名前がついていて、「**フェルミ面**」と呼ばれます。これは便利なので今後も使うことにしましょう。この言葉を使うなら、**金属とはバンドの途中にフェルミ面があるような物質**です。このとき、フェルミ面付近の電子にはたくさんの行き先があるので、それらの電子はさまざまな刺激に対して自由に動けます。これが「自由電子」です。この自由電子の存在こそが金属の特徴で、自由電子の存在はフェルミ面がバンドの途中にあることと表裏一体です。

金属が冷たくて輝くこと

この理解に至ると、金属の金属らしさそのものが量子の特性を反映したものであることが見えてきます。ポイントは、電子にエネルギーを与えるのは電圧だけではないということです。

例えば、光は電子にとってエネルギー源です。典型的なのは、太陽のスペクトルに見られる飛び飛びの暗線であるフラウンホーファー線（88ページ）や、原子から出る光が持つ飛び飛びのスペクトル（68ページ）でしょう。原子のまわりを回る電子のエネルギーは飛び飛びなので、電子は飛び移る前後の軌道の差に相当するエネルギーしか吸収／放出できません。フラウンホーファー線が飛び飛びなのは吸収する光のエネルギーが飛び飛びであるため、原子から出る光が飛び飛びなのは放出する光のエネルギーが飛び飛びであるためです。原子中の電子が光をエネルギー源として吸収／放出できる証拠です。

これと全く同じことが金属結晶にも起こります。原子と違うのは、フェルミ面付近に分布する電子である自由電子にはフェルミ面のすぐ上からバンドの上方まで連続的な行き先がある点です。そのため、飛び飛びの軌道を持つ原子とは違い、金属は連続的なエネルギーの光子を吸収／放出できます。

金属に光沢があるのはそのためです。金属に飛び込んだ光子は、そのエネルギーが自由電子の行き先の中に収まる範囲であれば自由電子に吸収され、その電子は空いている軌道に飛び移ります。ところが、電子はエネルギーの高い軌道に長くはとどまれないので、すぐに元の軌道（フェルミ面付近）に戻り、先ほど吸収した光子と同じエネルギーの光子を放出します。光子のエネルギーは光の色に対応するので、金属は吸収した光と同じ色の光をそのまま放出することになります。おまけに、自由電子が吸収できるエネルギーは連続的なので、自由電子はどんな色の光でも吸収／放出できます。結果として、金属は飛び込んでくるさまざまな色の光をそっくりそのまま跳ね返すことになり、風景を映す鏡のような光沢を帯びるわけです。

ただし、自由電子が吸収できるエネルギーには、「フェルミ面とバンドの一番上までのエネルギー差」という限界があることには注意が必要です。その限界よりも大きなエネルギーを持つ光子は、電子に行き先がないので吸収／放出できません。エネルギーの大きな光子とは、可視光線の中では青色の光です。バンドの中に十分な空きがあるような金属であれば、すべての可視光線を吸収／放出できるので、人間の目に見える光を完全に反射できるのですが、空きが不十分だと、反射する光から青や紫の色目が抜け落ちます。金や銅が赤色に近い独特の色合いを持つ光沢を帯びているのはそのためです。

電圧や光だけでなく、熱もまたエネルギー源です。金属の表面を手で触るとひんやりしますね。これは、手から金属の表面に移った熱が金属内部に急速に運ばれて、金属表面の温度がすぐに下がってしまうからですが、このときに熱が急速に運ばれるのもまた自由電子の働きです。

仕組みは電圧をかけたときと全く同じです。そもそも熱とは、温度の高いところから低いところに向かうエネルギーの流れで、そのエネルギー分布は基本的にランダムです。36℃程度の温度を持つ手の平で気温と同じ温度（15℃くらいでしょうか）を持つ金属に触れると、温度差のために手の表面から金属にエネルギーが流れようとします。このとき、大量の行き先を持つ自由電子はそのエネルギーを受け取ることができ、さらに、まだエネルギーの小さなところにいる電子に吸収したエネルギーを受け渡していきます。こうして、手の平から金属内部へエネルギーが運ばれて、ひんやり感じるわけです。これが可能なのは、空いているバンドが連続的なエネルギー分布を持ち、熱というランダムなエネルギーを吸収できるからです。電気をよく通し、独特の光沢を持ち、触るとひんやりするという金属の基本的な特徴はすべて、元を正せば電子がフェルミオンであるという同じ根源を持っているのです。

トンネル効果――量子の〝壁抜け〟

ここまでは、ごくありふれた物質の姿に電子のフェルミオン性が反映されていることを見てきましたが、もうひとつ、非常に身近なところに利用されている量子現象があります。「**トンネル効果**」です。これは量子の世界では非常にありふれていて、量子の本質とも言える現象ですが、前期量子論では決して理解できません。

古き良き古典力学のお話から始めましょう。1本のレールの上をごく普通のボールが転がっている場面を想像してください。そのレールは図6－4の上図のように途中から坂道になり、山のように盛り上がっています。ボールが山を乗り越えるには、どのくらいのスピードでボールを転

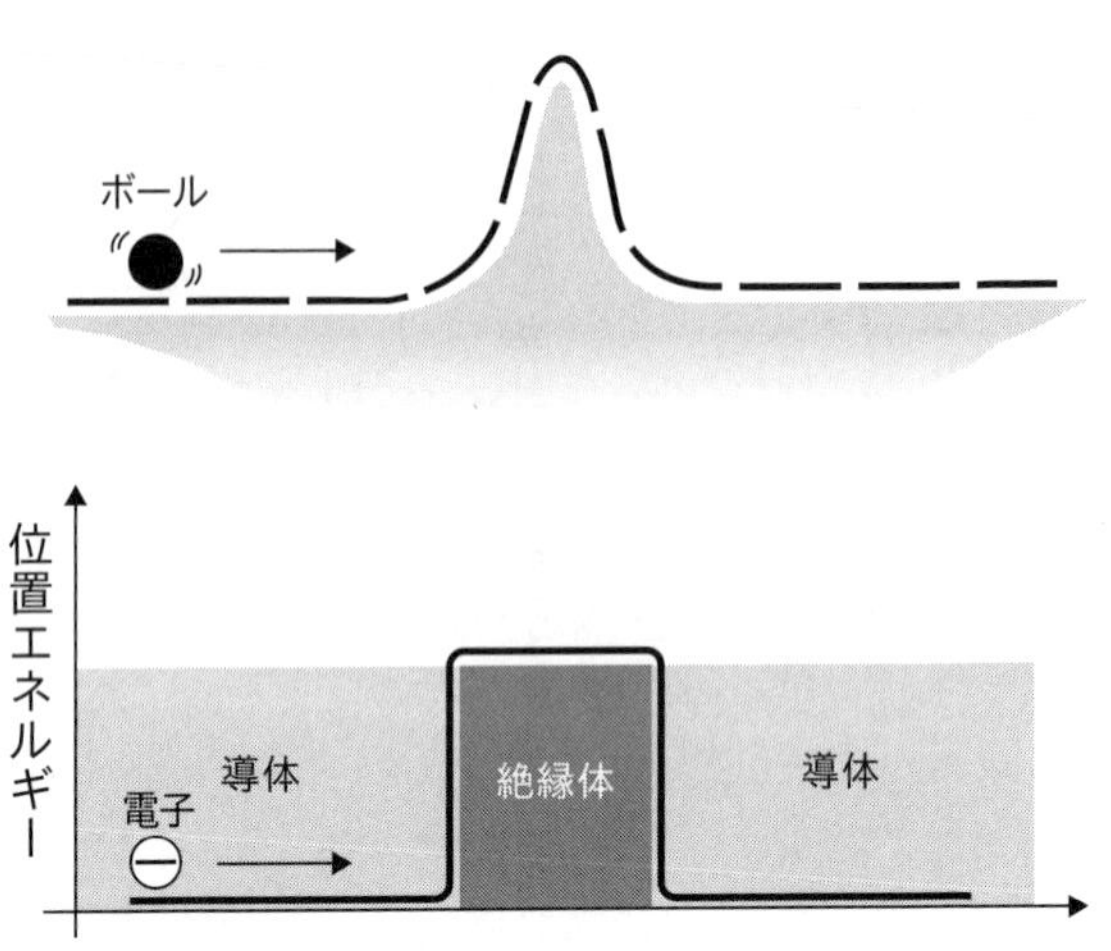

図6-4　山のように盛り上がったレール（上）と絶縁体を挟んだ導体（下）
どちらも位置エネルギーの壁が物体の運動を阻んでいる

がしたらよいでしょう？

　この問題を解くだけならいろいろな方法がありますが、一番楽なのはエネルギーに注目することでしょう。ニュートンの運動方程式のひとつの帰結として、「保存力しか働いていないとき、運動エネルギーと位置エネルギーの和は変化しない」という法則がありま す。いわゆる**力学的エネルギー保存則**です。レールの上を走るボールには保存力である重力しか働かないので、この法則が適用できます。

　平らなところを走っているとき、ボールは運動エネルギーしか持っていませんが、ボールが坂道を登って位置エネルギーが大きくなると、それに応じて運動エネルギーは小さくなります。運動エネルギーがゼロとなってボールが静止するのは、位置エネルギーが最初に持っていた運動エネルギーに等しくなったとき。ここがボールの高さの限界です。つまり、勢いが足りず、運動エネルギーが山の頂上での位置エネルギーに満たなければ、ボールはどんなに頑張っても山を越えることができません。レールでできた山は、いわば位置エネルギーの壁です。自分が持つエネルギーよりも大きな位置エネルギーの壁は乗り越えられない。これが古典力学の結論です。「エネルギーは保存される」という本質的な法則から導かれる直接の結論で、直感的にもわかりやすいと思います。

さて、ここからが本題です。同じ状況に置かれた量子はどのように振る舞うでしょう？

例えば電子であれば、レールの代わりに導線を設置し、山の代わりに薄い絶縁体を挟み、電池をつないで電子にエネルギーを与えればOKです（図6-4下）。絶縁体とはいえ、電流を止められるのは電圧が小さいときだけ。十分に強い電圧をかければ電流が流れます。上昇気流によって巨大な電圧が生じれば、絶縁体であるはずの空気にも雷という形で電流が流れるのがよい例です。とはいえ、ここでは電子にそこまで大きなエネルギーは与えません。絶縁体という「位置エネルギーの壁」に阻まれた電子はどう振る舞うでしょう？

エネルギーは非常に基本的な概念です。さすがの量子もその理を曲げて壁を越えることはできないだろう、というのはもっともな推論ですが、残念ながら量子はそんなに甘くはありません。恐ろしいことに、壁の向こうから放たれた量子の一部は、そのエネルギーでは壁を越えることができないはずなのに、まるでしみ出すように壁のこちら側に抜けてくるのです！　これがトンネル効果です。まるで量子がトンネルを掘ったかのように壁を通り抜けてくることからこの名前がつきました。

トンネル効果は経路積分を使うとすっきり理解できます。経路積分では、量子はあらゆる可能な経路を辿って運動する粒子であると考えます。ただし、その経路は存在に〝濃淡〟があり、古典力学で実現されるような作用汎関数の値が小さい経路に近いほど色濃く存在するのでした。この「あらゆる可能な経路」は、文字通りあらゆる経路です。その中には、位置エネルギーの壁を越えて向こう側に抜けるような経路も含まれます。その経路に付随する作用汎関数の値が無限大にならない限り、その経路には一定の濃さがあります。

大きいとはいえ、壁の高さは有限です。であれば、壁を越えて向こう側に抜けるような経路に付随する作用汎関数の値も有限です。もちろん、その作用汎関数の値は大きいので、この経路は古典力学では実現不可能ですが、作用汎関数の値が有限である以上、その経路には一定の存在確率があります。であれば、何度も観測を行えば必ず電子が見つかります。これがトンネル効果の仕組みです。

イメージで言うなら、量子の世界では、壁に向けてボールを何度も投げると、たまに、ボールが壁をすり抜けて壁の向こう側に飛んでいくことがある、といった感じです。古典力学の世界に慣れていると摩訶不思議の一言ですが、量子の世界ではこれが現実なのです。なお、トンネル効果が起こった前後のエネルギーは同じなので、壁を抜けたとしても、エネルギー保存則が破れているわけではないということは付け加えておきます。

アルファ崩壊——放射線が出る理由

トンネル効果は量子現象のあらゆる場面に登場しますが、重い原子核がアルファ線（ヘリウムの原子核）を放出してより軽い原子核に変化するアルファ崩壊はその典型例です（図6−5）。

原子核は陽子と中性子が結合した量子状態です。例えば、放射性元素で有名なウランの最も安定した原子核は、陽子92個と中性子１４６個が結合した「ウラン２３８」です。この結合状態は安定ですが、それでも、プラスの電荷を持つために互いに反発する92個もの陽子を無理矢理押さえ込んでいる状態です。陽子を外に放り出して、内部の反発力を減らした方が安定します。そして、どうせ放り出すなら強く結合した陽子と中性子の塊を放り出す方がお得です。そんな塊の中で最も安定していてかつコンパクトなのが、陽子2個と中性子2個が結合したヘリウムの原子核、いわゆるアルファ粒子です。すなわち、「ウラン２３８」という量子状態よりも、アルファ粒子を放出した後の、陽子90個と中性子１４４個が結合した「トリウム２３４」という量子状態

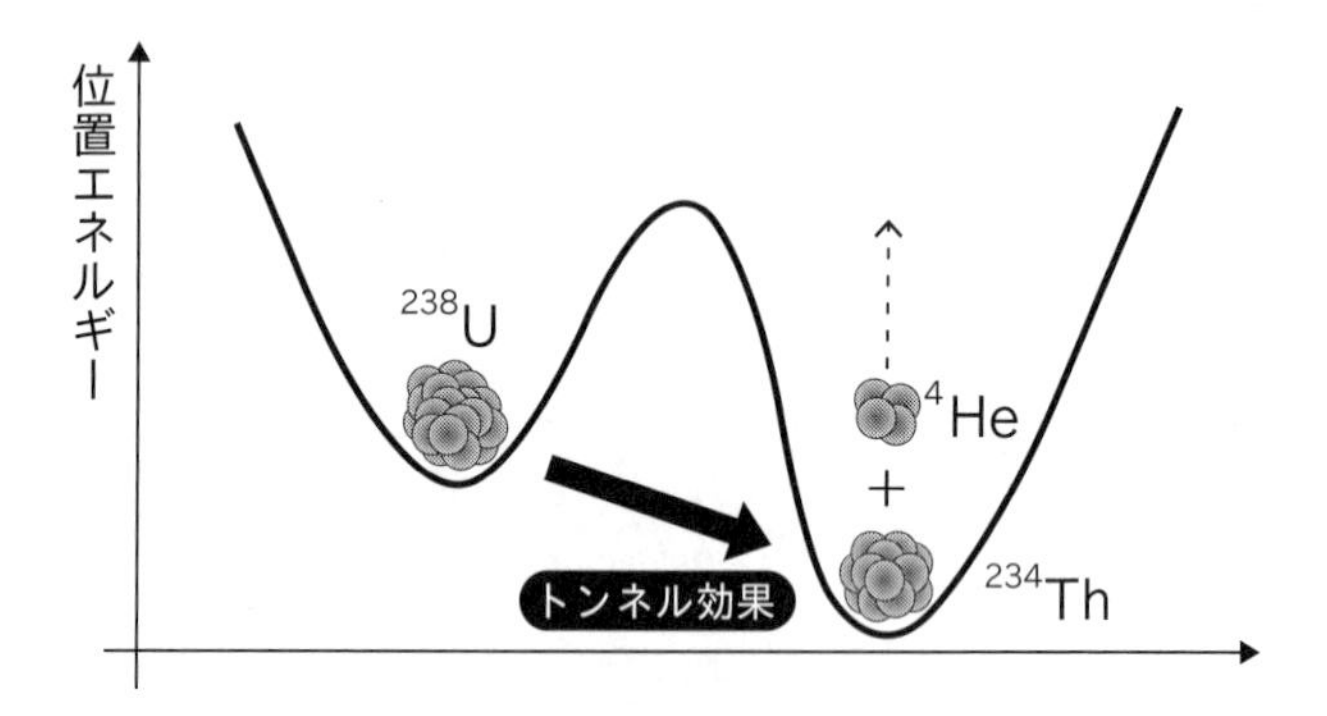

図6-5　アルファ崩壊の一例
「ウラン原子核」を表す量子状態と「トリウム原子核」を表す量子状態の間には位置エネルギーの壁がある。この壁をトンネル効果ですり抜けてアルファ粒子が放出されるのがアルファ崩壊

の方がエネルギーは小さくなります。

もっとも、トリウム２３４の方がエネルギーが小さいとはいっても、それはアルファ粒子を取り出す前後を比べたときのお話。ウラン２３８自体は非常に安定していて、ヘリウムの原子核を無理矢理引っこ抜こうとしても、ちょっとやそっとの力では引き戻されてしまいます。ウラン２３８とトリウム２３４の間には位置エネルギーの壁が立ちはだかっているのです。井戸の底の石が勝手に飛び出てくることがないように、古典力学で考えるなら、ウラン２３８からアルファ粒子が勝手に剝がれることはあり得ません。

ですが、ミクロな存在である原子核は量子の理に従います。位置エネルギーの壁があったとしても、壁の高さが有限なら一定の確率でその壁をすり抜けられるのが量子です。そのため、ウラン２３８は一定の確率で位置エネルギーの壁を通り抜け、アルファ粒子を放出してトリウム２３４に変化します。これがアルファ崩壊です。ちなみにウラン２３８の場合、この壁を通り抜ける確率は、44億６８００万年待ってようやく50％です。この時間を「半減期」と言います。この半減期の長さがウラン２３８の安定性を如実に示しています。

アルファ崩壊が起こると、原子核自体がよりエネルギーの小さい状態に変化したことによって、アルファ粒子はそのエネルギー差に相当する運動エネルギーを獲得します。これは、エネルギーの大きな軌道を回る電子がエネルギーの小さな軌道に飛び移るときにそのエネルギー差に相当する光子を放出するのと同じ理屈ですが、原子核の結合エネルギーは電子の結合エネルギーと比べて約１００万倍も大きいため、アルファ粒子のエネルギーは原子から出る光のエネルギーの比ではありません。アルファ崩壊に限らず、原子核から放出される放射線が巨大なエネルギーを持つのはそのためです。

ここではウランを例に挙げましたが、ラジウムやラドン、ポロニウムなど、アルファ崩壊を起こす原子核は他にもたくさんあります。その特徴は、たくさんの陽子や中性子が結合した重い原子核であること。反発する陽子を押さえ込んだ状態の原子核がアルファ崩壊を起こしやすい証拠です。他にも、高エネルギーの電子を放出するベータ崩壊、高エネルギーの光子を放出するガンマ崩壊なども、ある量子状態からより安定な量子状態にジャンプすることで起こる現象で、その本質はトンネル効果です。さらに言うなら、原子核まわりの電子がエネルギーの低い軌道にジャンプして光子を放出するのも、広い意味でトンネル効果です。トンネル効果は量子反応の中核と言ってよいでしょう。

フラッシュメモリにひそむ量子の理

トンネル効果は非常にありふれた現象なので、科学技術にも盛んに応用されています。パソコンを使う方にはおなじみのＵＳＢメモリやＳＳＤに使われる「フラッシュメモリ」はよい例でしょう。

メモリというのは、デジタル情報を蓄える仕組みです。「デジタル情報」というと抽象的な印象を抱くかもしれませんが、要するに巨大な整数です。デジカメで撮った画像を例に説明しましょう。ご存じの通り、デジタル画像は小さいドットの集まりです。私が持つスマートフォンについているカメラの画素数は約１２００万。このカメラで撮った画像は約１２００万個の色のついた点の集まりだということです。コンピュータの世界では色の数も有限です。例えばＲＧＢと呼ばれる方式なら約１７００万色で、そのそれぞれの色に番号がついています。従って、このデジ

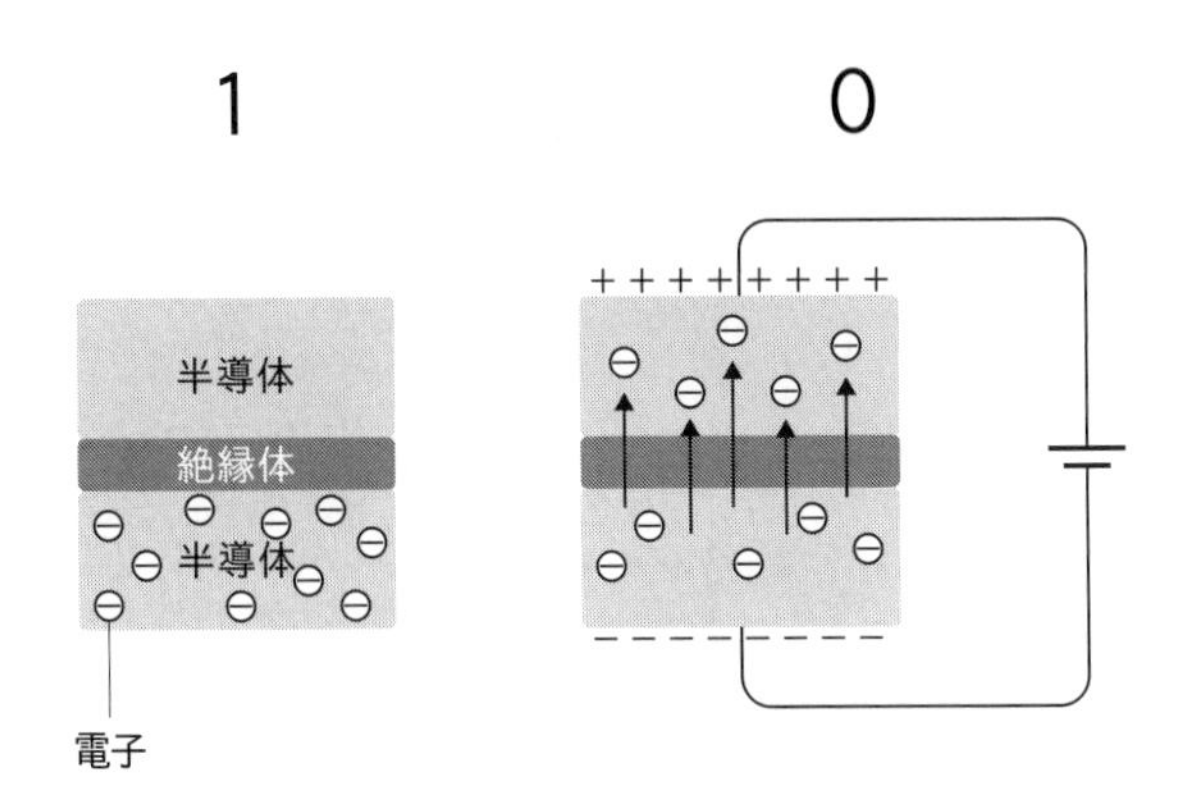

図6-6　フラッシュメモリの概念図
半導体の間に絶縁体のシートが挟んであるため、何もしなければ上のセルには電子は入っていない。これが「1」の状態。電圧をかけると、トンネル効果が起こる確率が上がり電子が絶縁体のシートをすり抜け、上のセルに電子が溜まる。これが「0」の状態。電圧をかけなければトンネル効果が起こる確率は非常に低いため、電源を切っても情報が保たれる

タル画像は1200万×1700万個の整数で表せることになります。もちろん、実際にはもっと賢いやり方を使って情報量を減らしますが、デジタル画像が巨大な整数で表されるという事情は同じです。デジタル情報とは巨大な整数であるというのはこういう意味です。

　ということは、どんな方法を使うにせよ、整数を記録しておく仕組みがあればそれはメモリになります。さらに言うなら、すべての整数は2進数で表せるので、本質的に0と1を記録しておく仕組みさえあれば十分です。

例えば、碁盤はメモリになります。黒石が置かれていれば0、白石が置かれていれば1と決めればよいのです。碁盤は縦横に19マスの目があるので、全部で19×19＝361個の碁石が置けます。碁石ひとつで0と1を表現できるので、碁盤に記録できる整数は2の361乗個。この情報量を「361ビット」と呼びます。ちなみに、情報量の単位でよく使われる「1バイト」という単位は8ビットのことです。この単位を使うなら、碁盤メモリの情報量は361÷8＝45・125バイトです。残念ながらこの容量では現在使われているデジタル情報を蓄えるには小さすぎます。もっと大きな整数（大量の情報）をコンパクトに保存するには、小さな領域に大量の0と1を記録する仕組みが必要です。

ここで登場するのがフラッシュメモリです。非常に単純化していますが、図6－6がその概念図です。金属と同様に自由電子を持つ「N型」と呼ばれる半導体の間に絶縁体のシートが挟んであります。導体と半導体の違いこそありますが、本質的には図6－4（214ページ）の下側と同じ構造です。この状態では、電子は絶縁体を越えられません（図6-6左）。トンネル効果によって通り抜ける可能性はゼロではないですが、絶縁体が作る位置エネルギーの壁に比べて電子のエネルギーが小さすぎるため、その確率は実質的にゼロと思ってよいからです。

ところが、半導体に電圧をかけて電子にエネルギーを与えると、トンネル効果が起こる確率が劇的に上がります。結果、自由電子の一部が絶縁体をすり抜け、プラスの電極がつながった上のセルに電子が溜まります（図6-6右）。そこで、上のセルに電子が溜まっていない状態を「1」、溜まった状態を「0」と決めれば、この仕組みで0と1を保存できます。メモリの完成です。

ちなみに、この「0」と「1」は電源を切ってもそのまま保たれます（このようなメモリは「不揮発性メモリ」と呼ばれます）。電圧をかけていない状態ではトンネル効果が起こる確率が極端に低く、電子が絶縁体を越えられないからです。私たちが気軽にUSBメモリを持ち運べるのはまさにこの特性のためです。もし手元にUSBメモリがあったら、じっくりと眺めて、そこに息づく量子の理に思いを馳せてみるのもよいでしょう。

走査型トンネル顕微鏡

トンネル効果の面白い応用に「走査型トンネル顕微鏡」があります。この顕微鏡は、第4章で紹介した光学顕微鏡とは原理が異なり、物体の表面を〝触る〟ことでその凹凸を調べます。図6-7の上図が走査型トンネル顕微鏡の概念図です。その原理は単純で、太さが約10nmという非常に細い針と調べたい物体に電極をつなぎ、物体の表面すれすれまで近づけた針を物体に沿って動かすだけです。

「針が物体から離れているなら電極をつなぐ意味がないのでは？」と思うかもしれませんが、トンネル効果を忘れてはいけません。針と物体の間は通常は空気なので絶縁体ですが、絶縁体が作る位置エネルギーの壁は無限に高いわけではないので、電子は壁を通り抜けられるからです。特に、壁が非常に薄いときにはこの確率は無視できなくなります。そのため、針を物体に十分に近づければ、たくさんの電子が針と物体の間を通り抜け、回路には一定量の電流が流れます。この

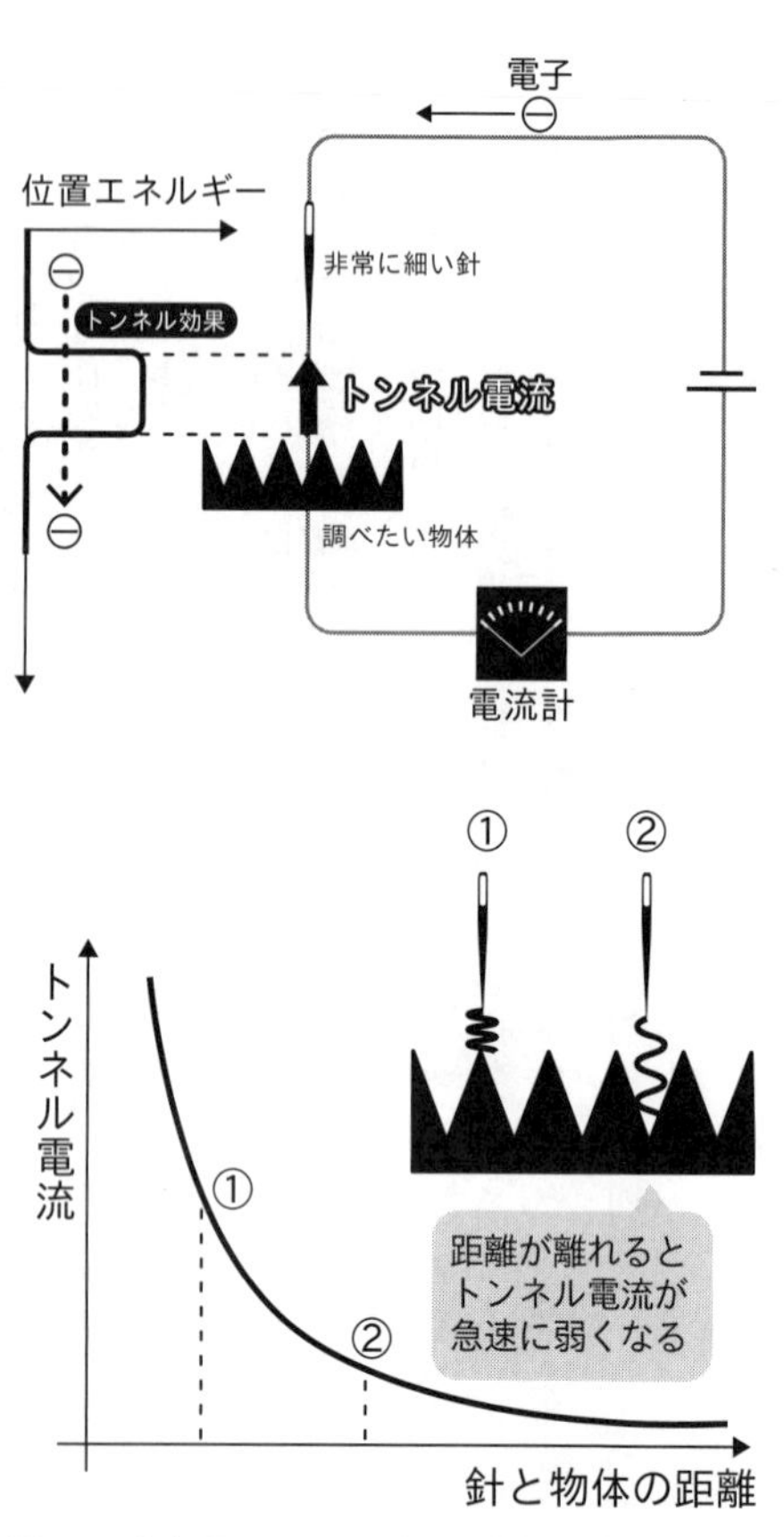

図6-7　走査型トンネル顕微鏡の概念図（上）と、針と物体の距離とトンネル電流の関係(下)

非常に細い針と調べたい物体に電極をつなぎ、物体の表面すれすれまで近づけた針を物体に沿って動かす。針を物体に十分近づけると、トンネル効果によって一定の電流（トンネル電流）が流れる

ように、トンネル効果によって流れる電流のことを「トンネル電流」と呼びます。

トンネル効果が起こる確率は、壁の厚さに非常に敏感です（図6-7下）。壁が厚くなると、壁を通る経路が長くなり、その分だけ作用汎関数の値が大きくなるからです。そのため、壁が原子1個分厚くなるだけでトンネル効果が起こる確率は劇的に小さくなります。今の場合なら、針と物体の間の距離が原子1個分変わるだけで、トンネル電流の値は非常に大きく変化します。これを逆手に取り、**電流の大きさを針と物体の間の距離の指標に使おう**、というのが走査型トンネル顕微鏡のアイディアです。

物体の表面は原子です。針を横に動かした結果、針が原子と原子の隙間に到達すると、針と物体の距離が大きくなって電流が小さくなります。逆に、針が原子の真上にくると、針と原子の距離は小さくなって電流が大きくなります。したがって、物体の表面すれすれで針を動かしながらトンネル電流を測定することによって、物体の表面の原子レベルでの形が電流の値として記録されるのです。

ナノテクノロジーに代表される現代の精密技術では、物体を原子レベルで見るための工夫が欠かせません。光学顕微鏡が精密部品を作るための必須アイテムであるように、物体の表面の原子配置を直接視覚化できる走査型トンネル顕微鏡は現代の精密技術を支える必須アイテムです。現代のテクノロジーは量子力学によって支えられていると言っても過言ではありません。

第7章

量子は時空を超えて

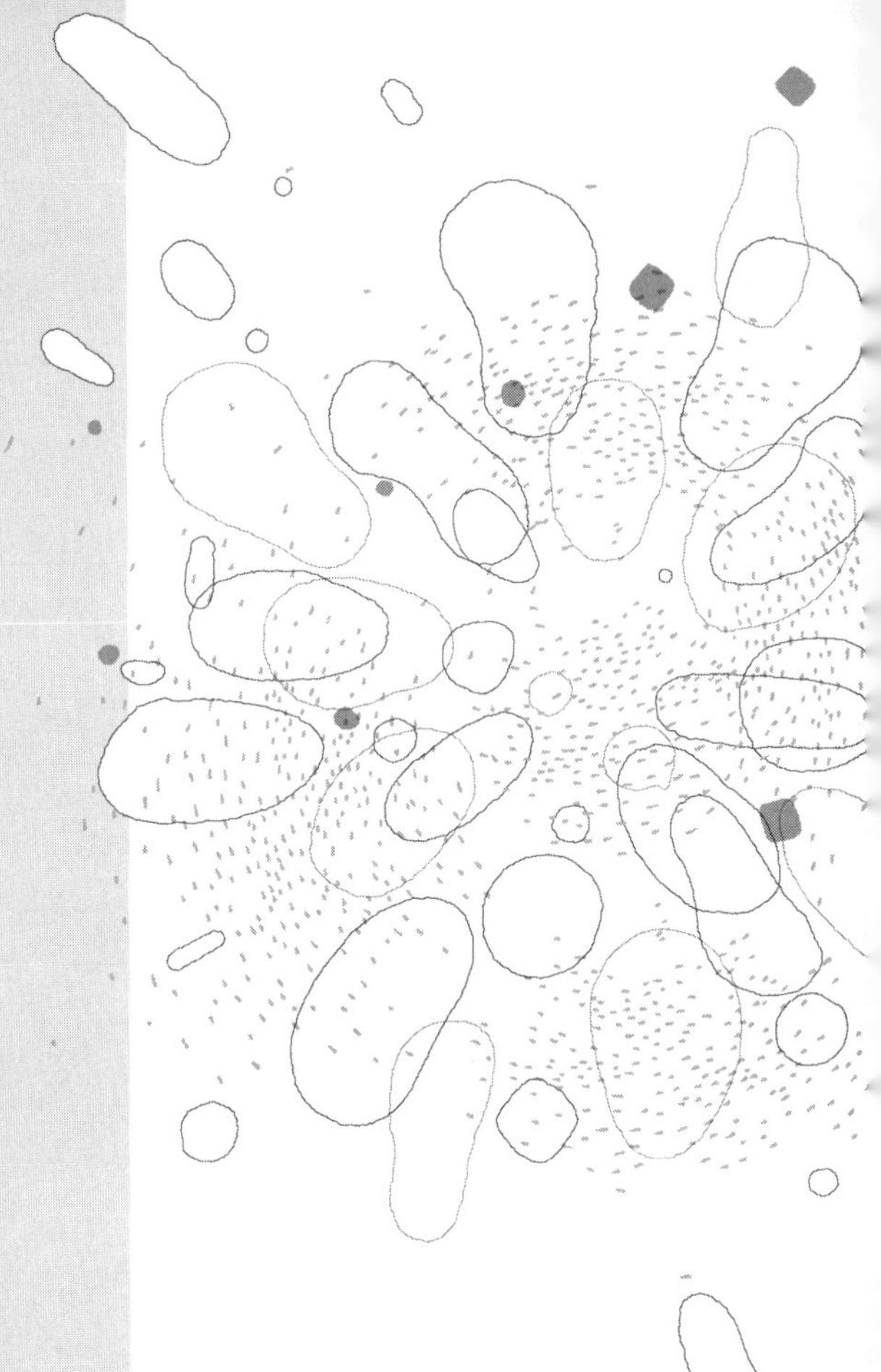

この章では、量子の最も本質的な特性である「重ね合わせ」と「絡み合い」を掘り下げましょう。とはいえ、量子の扱い方自体に新しいことはありません。重ね合わせも絡み合いも、量子の状態が定数倍したり足し算したりできる「ベクトル」で表現されることから素直に理解できます。ですが、そのインパクトは巨大です。なにしろ、「量子の影響は距離も時間も飛び越える」という驚きの結論を導くのですから。

重ね合わせの原理と観測

「重ね合わせの原理」と書くと厳めしいですが、何のことはない、これまでずっと言い続けてきた、量子の状態はベクトルで表現される、という指導原理のことです。「あらゆる可能性が同時に存在できる」という量子の特性は、普通の数では表現できませんが、ベクトルを使うと素直に表せるのはこれまで見てきた通りです。改めて例を挙げるなら、「位置 x にいる」という状態と「位置 y にいる」という状態をそれぞれベクトル $|x\rangle$、$|y\rangle$ と表せば、その2点に同時存在する（1個の）量子は $|x\rangle+|y\rangle$ と表せます。これが「重ね合わせ」です※1。ベクトルを矢印で表現すれば、この様子は図7－1のように絵にも描けます。斜め方向を向いた矢印は、右向き矢印とも上向き矢印とも違いますが、それらの合成であるという事実が「重ね合わせ」を表現しています。

もちろん、ベクトルは何度でも足し算できるので、もっとたくさんのベクトルを足し合わせても構いません。加えるベクトルの種類も、位置に限らず、スピンやもっと他の状態でも構いません。例えば、上向きと下向きのスピンが同じ割合で重なり合っている電子なら$|\uparrow\rangle + |\downarrow\rangle$です。右回り偏光と左回り偏光が重なっている光子なら$|+\rangle + |-\rangle$。アルファ崩壊の例なら、半減期を迎えた放射性元素は、崩壊した状態と崩壊していない状態がちょうど同じ割合で重なり合っているので|崩壊⟩＋|未崩壊⟩です。しつこいようですが、これは「本当は決まっているけどわかっていない」ということではなくて、図７－１の斜め矢印のように、本当に両方の状態が同時存在しています。

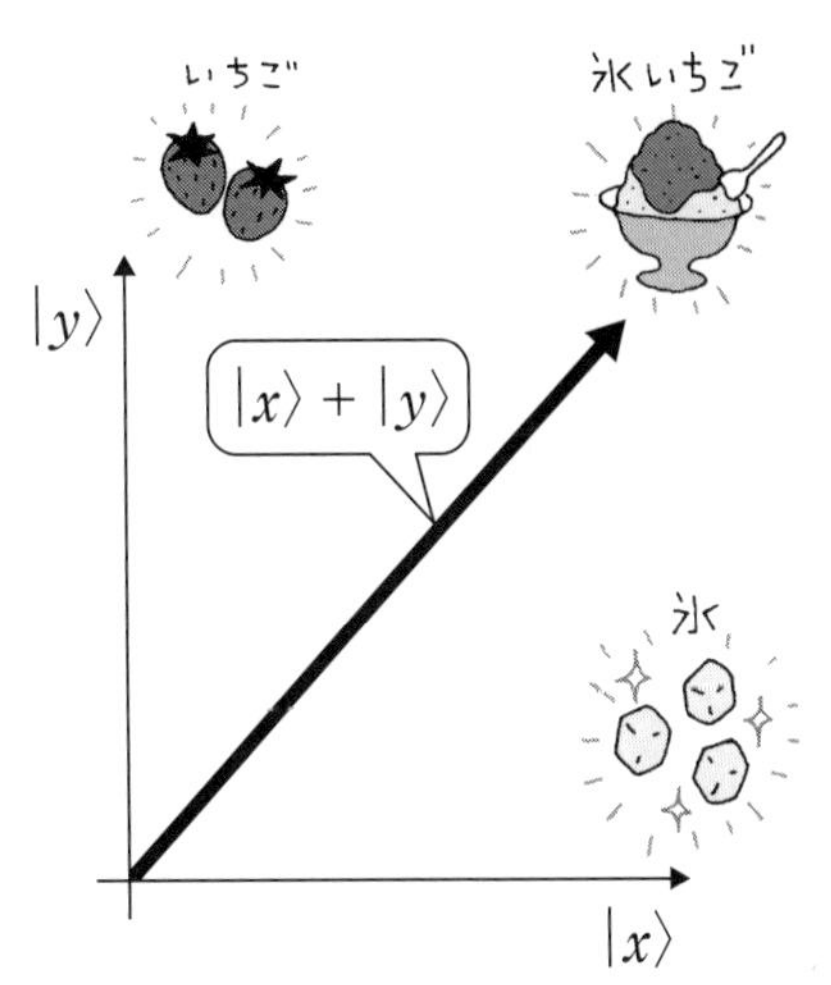

図7-1　状態の重ね合わせはベクトルの足し算
「位置xにいる」という状態をベクトル$|x\rangle$、「位置yにいる」という状態をベクトル$|y\rangle$と表せば、その２点に同時存在する（１個の）量子は$|x\rangle + |y\rangle$となる

※1　より正確には、複素数a、bを用いて、$a|x\rangle + b|y\rangle$のように重ね合わせる割合を変えられますが、ここではわかりやすさを優先してこのように書いています。

ここで、量子の大切な特性として、**重ね合わせ状態は観測すると変化する**という事実を強調しておきましょう。例えば電子の位置であれば、$|x\rangle + |y\rangle$という状態にいる電子を観測すると、50%の確率でxまたはyに電子が見つかります。例えば電子が位置xに見つかったとしたら、観測後の電子はxにいることが確定します。元々は$|x\rangle + |y\rangle$のように$|y\rangle$の成分が重なり合っていたのに、観測によって重なり合いが解けて$|x\rangle$に確定したわけです。図7-1で言うなら、観測前に斜めベクトルだった電子が、観測後には横ベクトルになったということです。もちろん、縦ベクトル$|y\rangle$になる可能性も同じだけありました。これも大切なので繰り返しますが、「xに電子が見えた」という事実から「実は電子は元々xにいたのだ」と考えるのは量子力学では間違いです。あくまで、「元々はxとyに重なり合っていたが、観測によってたまたまxに確定した」と考えます。

これは他の例でも同じで、$|\uparrow\rangle + |\downarrow\rangle$状態の電子の角運動量を観察すれば、50%の確率で$|\uparrow\rangle$または$|\downarrow\rangle$となり、$|+\rangle + |-\rangle$という偏光状態にいる光子の偏光を観測すれば50%の確率で$|+\rangle$または$|-\rangle$となり、半減期を迎えた放射性元素を観測すれば、50%の確率で|崩壊〉または|未崩壊〉の状態に確定します。量子力学はあらゆる状態が重なり合う量子状態を扱いますが、**私たちがあらゆる場所に同時存在する量子を実際に目にしたことはただの一度もない**のです。これが量子のややこしさの主因とも言えるでしょう。

重ね合わせと不確定性関係

ひとつだけ注意してほしいのは、観測によって場所が定まった状態は、「位置」の視点では重なり合いが解けていますが、別の視点から見ると相変わらず重なり合い状態だということです。

ポイントは不確定性関係です。138ページでも述べましたが、「位置の不確定性と運動量の不確定性の積はプランク定数程度以上である」ということは、位置が完全に確定して不確定性がゼロになったときには運動量の不確定性が無限大になるということです。そして、不確定性が大きいということは、それだけ多くの状態が重なり合っているということです。位置が確定した状態は、運動量の立場から見ると、あらゆる大きさの運動量を持つ状態が重なり合っている状態なのです。そして、137ページで述べたように、不確定性関係と正準交換関係$[\hat{X},\hat{P}]=i\hbar$は表裏一体です。位置行列と運動量行列が交換しないからこそ、位置の重なり合いが解けて値が確定したときには、運動量に重なり合いが生じるのです。

これはスピン（角運動量）についても言えます。193ページでスピンについて説明したときにはあまり強調しませんでしたが、回転には方向があるので、スピンを測るときには方向を指定しないといけません。回転の方向は回転軸で決まるので、回転にはx軸まわり、y軸まわり、z軸まわりの3種類があります。そして、これら3種類の回転は、順番を変えると結果が変わります。

y軸まわりとz軸まわりで実際に試してみましょう（図7-2）。ペンの真ん中あたりを指でつまんで、ペン先を右に向けてください。ペンが向いている方向がx軸、それと水平前向きがy軸、鉛直上向きがz軸です。まず、ペンをy軸まわりに180度回転させます。ペン先はひっくり返って左方向を向きます。続いて、ペンをz軸まわりに45度回転させます（上から見て反時計回りです）。ペンは左斜め後ろ45度を向くはずです。

今度は今の操作を反対に施します。ペンを最初の状態に戻して、最初にz軸まわりに45度回転させます。ペン先は右斜め前45度を向きます。続いてペンをy軸まわりに180度回転させると、ペン先は左斜め前45度を向くはずです。【y軸まわり180度回転】→【z軸まわり45度回転】という順番では左斜め**後ろ**45度、【z軸まわり45度回転】→【y軸まわり180度回転】という順番では左斜め**前**45度を向きました。結果が変わりましたね。異なる軸まわりの回転は交換しないのです。

回転が持つこの特性を反映して、量子化されたx軸まわり、y軸まわり、z軸まわりの角運動量行列も交換しません。したがって、位置と運動量が交換しないことが不確定性関係の本質であったのと同じ理屈で、x軸まわり、y軸まわり、z軸まわりの角運動量の間には不確定性関係が生じます。すなわち、ある軸まわりの角運動量の不確定性が小さくなると、他の軸まわりの角運

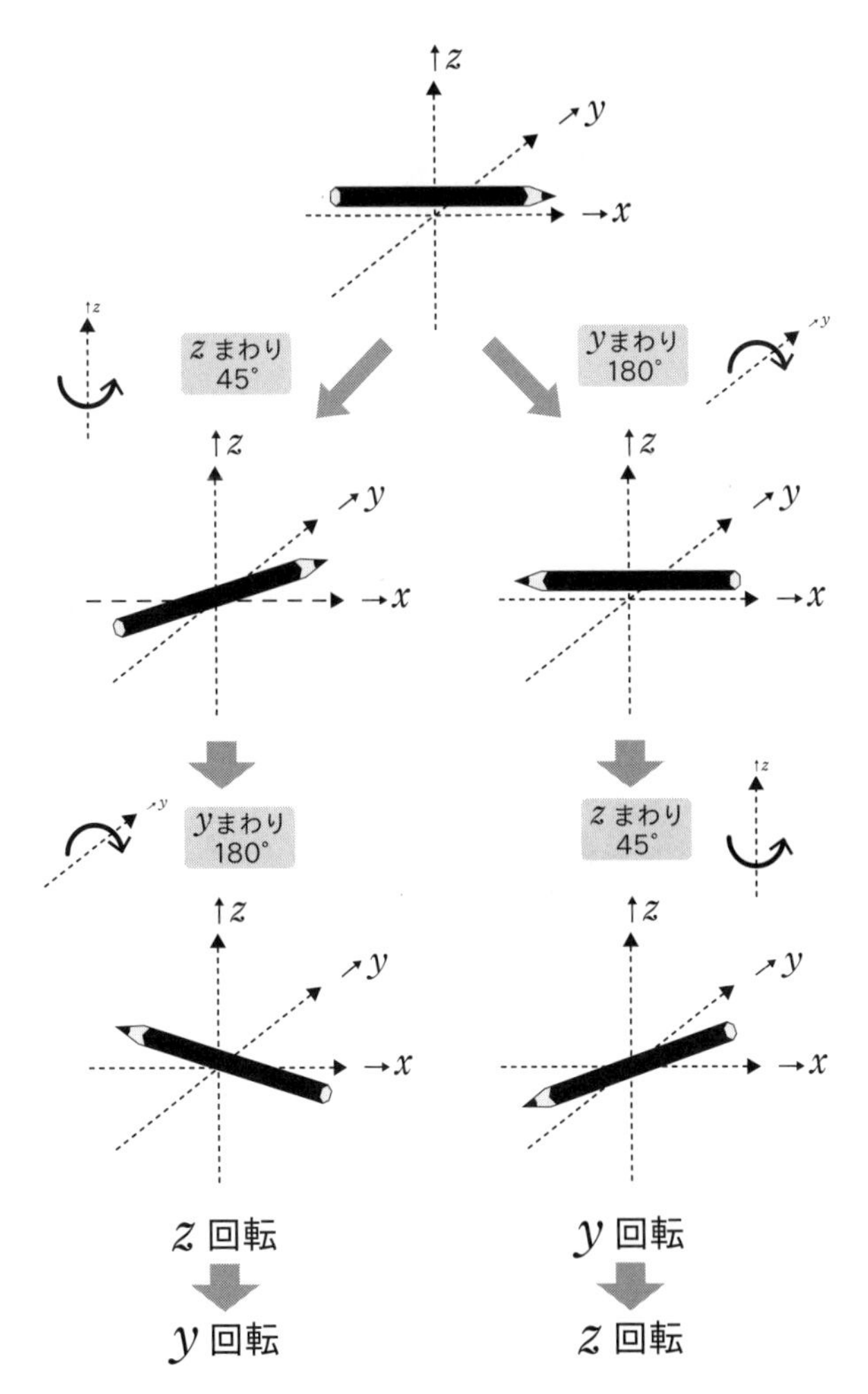

図7-2　角運動量の不確定性関係を確かめてみる
y軸まわりとz軸まわりの回転の順番を変えて試してみると、結果が変わる

動量の不確定性は大きくなります。結果として、ある軸まわりの角運動量が確定している状態は、他の軸まわりから見ると重なり合い状態になります。例えば、スピン½の量子の z 軸まわりのスピンが上向きに確定していたとすると、この量子の x 軸と y 軸まわりのスピンは完全に不確定になり、上向きと下向きが50％ずつ重なり合うことになります。

シュレディンガーの猫と観測問題

この「重ね合わせ」や「確率」の考え方はすぐに受け入れられたわけではありません。例えば、シュレディンガー方程式の発見者であるシュレディンガー本人がこの考え方を強烈に批判しました。重ね合わせという考え方がそもそも間違いだというのです。その論証として彼が展開したのが、有名な「シュレディンガーの猫」という（ひどい）思考実験です。

まず、蓋を閉めれば中の様子は決してわからない頑丈な箱を用意します。その中に、半減期が1時間の放射性元素1個と、高精度の放射線センサーを入れます。このセンサーには毒ガスがセットされていて、放射線が検出されると中のガスが噴射されます。この箱の中に1匹の猫を入れて蓋を閉めて1時間待つ、というのが彼の考案した思考実験の内容です。猫好きには本当に辛いのですが、これはシュレディンガーが悪いので、ここはひとつ心を凍らせて、この実験で何が起こるかを考えてみましょう。

まず、放射性元素が崩壊していればアルファ粒子が放出されているため、センサーが反応して毒ガスが噴射されており、猫は死んでしまっています。一方、放射性元素が崩壊していなければ何事も起こらずに、猫は元気に生きていることでしょう。

ここまではよいのですが、この思考実験のポイントは、半減期を迎えた放射性元素は、観測前は|崩壊〉＋|未崩壊〉ということです。【崩壊】＝【死んだ猫】、【未崩壊】＝【生きている猫】という一対一対応ができている以上、観測前の猫は|死〉＋|生〉という重ね合わせ状態にあるということになります。そして今の場合、観測とは箱を開けることでしょう。ということは、箱を開ける前の猫は生死が確定せずに重なり合っていて、箱を開けて猫を観測した瞬間に重ね合わせが解け、その瞬間に猫の生死が確定したというのでしょうか？　シュレディンガーの主張はこうです。

> 量子に重ね合わせ状態などという状態を認めたとすると、猫の生死という日常世界の概念にも重ね合わせ状態が存在することになってしまう。一方、日常世界は確定的な古典物理学の世界なので、重ね合わせ状態など存在しない。これは矛盾なので、量子の重ね合わせは間違った解釈である。

この主張からもわかるように、この思考実験は当初、重ね合わせや確率解釈を批判する文脈で提示されました。ですが、重ね合わせが実験的にも認めざるを得なくなった現在、シュレディンガーの猫の思考実験はその意味合いを変えています。例えば、この場合の観測とは本当に箱を開けることなのか？　という点は議論の余地があります。私はこの立場はとりませんが、「見よう」という人の意思が量子に働きかけて重なり合いが解けるのだ、と主張する人もいます。

別の視点としては、センサー自体も大量の量子で構成されているので、センサーが働くときには量子間の相互作用が無数に関与している点は注目するべきでしょう。大量の量子との相互作用こそが重ね合わせ状態を壊す主因である、というのはあり得るシナリオです。いずれにせよ、この思考実験は、**「観測」とは何を指していて、量子と古典の境目はどこにあるのか、という議論**をする際の最高の試金石です。

このように、どのようなプロセスを経て観測によって状態が確定するのか、という問題は「観測問題」と呼ばれる未解決問題で、現在では情報科学の分野も巻き込んで、活発な議論が続いています。この本ではその詳細に立ち入る余裕はありませんが、量子力学における「観測」とはどういうものかを議論するときに鍵になるのが、今から説明する「絡み合い状態」です。この概念は、次の章でご紹介する量子計算でも中心的な役割を果たします。

絡み合い状態

例として電子のスピンを考えましょう。話をシンプルにするために、しばらくの間は、スピンを測る方向を z 方向に固定します。

例えば、それぞれA、Bという位置にいる2個の電子がそれぞれ上向き・下向きのスピンを持つ状態は、$|\uparrow\rangle_A|\downarrow\rangle_B$ のように表せます。もちろん、位置A、Bを反転させた状態は $|\downarrow\rangle_A|\uparrow\rangle_B$ です。2個の電子は区別できず、場所を入れ替えると符号が変わるフェルミオンなので、2個の電子は189ページで説明した「反対称」な状態ベクトルで表せます。したがって、「スピンの異なる電子が位置A、Bにいる」という状態は、

$$|\uparrow\rangle_A|\downarrow\rangle_B - |\downarrow\rangle_A|\uparrow\rangle_B$$

という重ね合わせ状態です[※2]。何気なく書きましたが、実はこの状態は非常に面白い特性を持っています。

もし、ふたつの量子状態が $|a\rangle|b\rangle$ と書けていたら、片方の量子は $|a\rangle$、もう片方の量子は $|b\rangle$ です。このとき、片方の量子が $|b\rangle \to |c\rangle$ のように変化したとしても、全体の状態が $|a\rangle|c\rangle$ となるだけで、もう片方の量子には影響が及びません。2個の量子があるといっても互いに独立しています。

※2　正確には $\frac{1}{\sqrt{2}}(|\uparrow\rangle_A|\downarrow\rangle_B - |\downarrow\rangle_A|\uparrow\rangle_B)$ ですが、全体の係数は本質ではないのであまり気にしないことにしましょう。

ところが、先ほどの2個の電子の状態 $|\uparrow\rangle_A|\downarrow\rangle_B - |\downarrow\rangle_A|\uparrow\rangle_B$ は決して $|a\rangle_A|b\rangle_B$ のような形には書けません。これは簡単に確かめられます。電子のスピンには上向きと下向きしかないので、位置Aに単独でいる電子の状態は必ず $|a\rangle_A = a_1|\uparrow\rangle_A + a_2|\downarrow\rangle_A$ と書けます。位置Bに単独でいる電子の状態も同様で、$|b\rangle_B = b_1|\uparrow\rangle_B + b_2|\downarrow\rangle_B$ です。すると、それぞれの電子が単独に位置A、Bにいる状態は、ふたつの状態のかけ算で表され、$|a\rangle_A|b\rangle_B = a_1b_1|\uparrow\rangle_A|\uparrow\rangle_B + a_1b_2|\uparrow\rangle_A|\downarrow\rangle_B + a_2b_1|\downarrow\rangle_A|\uparrow\rangle_B + a_2b_2|\downarrow\rangle_A|\downarrow\rangle_B$ となります。これが $|\uparrow\rangle_A|\downarrow\rangle_B - |\downarrow\rangle_A|\uparrow\rangle_B$ となることはあり得ません。なぜかというと、右辺が $|\uparrow\rangle_A|\downarrow\rangle_B - |\downarrow\rangle_A|\uparrow\rangle_B$ となるためには、最低でも $a_1b_1|\uparrow\rangle_A|\uparrow\rangle_B = 0$ でなければならず、そのためには a_1 と b_1 のいずれかがゼロである必要がありますが、そうすると、右辺に含まれる $a_1b_2|\uparrow\rangle_A|\downarrow\rangle_B$ か $a_2b_1|\downarrow\rangle_A|\uparrow\rangle_B$ のいずれかが消えてしまうからです。どちらが消えても、右辺は $|\uparrow\rangle_A|\downarrow\rangle_B - |\downarrow\rangle_A|\uparrow\rangle_B$ にはなりません。

ということは、$|\uparrow\rangle_A|\downarrow\rangle_B - |\downarrow\rangle_A|\uparrow\rangle_B$ はこれ以上分離できない状態ということになります。文字通りふたつでひとつです。このように、複数の量子状態であるにもかかわらず、1粒子状態の積に分解できないような状態を「絡み合い状態」と呼びます（「量子もつれ状態」、「エンタングル状態」とも呼ばれます）。このような状態は古典的な粒子では決してあり得ないので普通の言葉では表現しようがないのですが、敢えて言うなら、複数の量子でありながら、全体がぎっちりと結びついてひとかたまりの存在を作っているようなイメージです。重ね合わせ状態と並んで、量

子にしか現れない特徴的な存在です。

時空を超える絡み合い

これがどれほど古典物理学の常識とかけ離れているかを見るために、絡み合ったふたつの電子を遠くに引き離してみましょう。例えば東京で作られた絡み合った電子を南北に飛ばし、片方は北海道でスキーを楽しむ友人が、もう片方は沖縄でダイビングとしゃれ込むあなたが受け取る、といった具合です。

ダイビング中に突然電子を受け取ったあなたは、なぜかその電子のスピンを測定したとしましょう（細かいことを気にしてはいけません）。絡み合った電子の状態は $|\rightarrow\rangle_{\text{沖縄}}|\leftarrow\rangle_{\text{北海道}} - |\leftarrow\rangle_{\text{沖縄}}|\rightarrow\rangle_{\text{北海道}}$ なので、沖縄にいるあなたは50％の確率で上向き、50％の確率で下向きのスピンを測定します。今回は「上向き」という結果になったとしましょう。重ね合わせ状態は観測することで解けるので、観測後の状態は $|\rightarrow\rangle_{\text{沖縄}}|\leftarrow\rangle_{\text{北海道}}$ になります。

大変なことが起こったことに気づいたでしょうか？　なんと、**あなたが沖縄でスピンの観測をした結果、北海道に届いた電子のスピンまで下向きに決まってしまった**のです！　これは一瞬の出来事です。あなたは、自分の電子が上向きスピンであると知ると同時に北海道に送られた電子のスピンが下向きであることを知ります。そして、北海道で滑走中の友人が（あなたの測定の後で）スピンを測定すれば、結果は１００％下向きになるのです。

恐ろしいのは、あなたは下向きのスピンを測定する可能性もあったということです。その場合は、北海道の電子は上向きスピンであることが確定して、友人の測定結果も１００％上向きになります。もちろん、あなたがダイビングに夢中で電子に気づかなければ、電子は相変わらず絡み合ったままです。その場合、北海道の友人の測定結果は50％の確率で上向きか下向きになり、その結果としてあなたの手元にある電子のスピンが決定されています。量子力学の予言を額面通り受け取るのであれば、沖縄（北海道）で行った測定の影響が、一寸のタイムラグもなしに北海道（沖縄）の電子に影響を与えることになります。

アインシュタインの反論

この結論に最も激しい批判を展開したのがアインシュタインです。アインシュタインは、局所原理、すなわち、「自然界の状態は、離れた場所の環境とは無関係に決まっているはずである」という考えを信念として持っていました。相対性理論を通じて、光速よりも速く情報が伝わらないことを発見したアインシュタインからすれば、距離も時間も飛び越えて観測の影響が一瞬で伝わるなどという解釈は受け入れられるものではなかったのでしょう。

その一方で、アインシュタインはその時代で最も深く量子力学を理解していた人物のひとりでもあります。なにしろ、光量子仮説を提唱して量子への道を切り開いたのは他ならぬアインシュタインなのです。量子力学がミクロな自然現象をうまく説明できることは誰よりもよく理解していました。この両方の視点を持っていたアインシュタインにとって、重ね合わせや確率解釈を伴う量子力学は、自然界を捉えているけれども、何らかのピースが足りていない不完全な理論としか思えなかったのです。

皮肉なことですが、天才アインシュタインが本気になって量子力学を叩いてくれたお陰で、量子力学は強烈に鍛錬されて筋金が入りました。その経緯には一見の価値があります。

先ほどの沖縄と北海道に向かった電子の思考実験の特徴は、次の2点に集約されます。

1）電子のスピンをどの方向に測定しても、50％の確率で上向き、50％の確率で下向きが観測される

2）あなたと友人が同じ方向にスピンを測定すれば、両者の測定結果は必ず反対向きになる

この結果を、

観測前の電子は$|\uparrow\rangle_{\text{沖縄}}|\downarrow\rangle_{\text{北海道}} - |\downarrow\rangle_{\text{沖縄}}|\uparrow\rangle_{\text{北海道}}$という重なり合い状態にいるが、観測によって重なり合いが解けて、確率論的に状態が確定するため

と解釈するのが量子力学流です。

局所性を信奉するアインシュタインから見ればこの解釈はあり得ません。これを認めてしまったら、沖縄での観測が遠く離れた北海道の電子にノータイムで影響を与えることになるからです。実験結果は尊重しつつ量子力学の「重ね合わせ」を否定するなら、残る可能性はただひとつ。東京から電子が飛び去った瞬間には、沖縄（北海道）に向かった電子のスピンは既に決まっていたということです。つまり、

東京で作られた上向き／下向きのスピンを持つ電子のペアのうち、どちらか一方が沖縄に、もう片方が北海道に飛んでいったため

と考えればよいのです。重なり合い解釈との違いは、スピンの向きは決まっているけれどわからないと考える点です。こう考えれば、沖縄と北海道のスピンが反対向きになるのは当たり前です。なにしろ、ふたつの電子のスピンは常に反対向きで、その内の片方が飛んできただけなのですから。沖縄（北海道）で上向き・下向きが半々の割合で測定されるのは、上向きスピンを持つ

電子が沖縄と北海道のどちらに飛ぶかを実験でコントロールできないため、と理解できます。これはちょうど、コインが表を向くか裏を向くかは、本当はコインを投げた瞬間に完全に決まっているけれど、その力学プロセスが複雑すぎてコントロールできず、あたかもランダムにしか見えないのと同じです。つまり、一見確率的な現象が起こっているようだけれど、それは背後にある複雑なメカニズム（「隠れた変数」と呼ばれます）のために一見ランダムに見えるだけ、というわけです。

さらに言うなら、局所性を仮定すると、２３４ページで述べた「z軸まわりのスピンが確定しているときにはx軸やy軸まわりのスピンは重ね合わせ状態にある」という結論もあり得ません。これは、沖縄と北海道でスピンを測る方向を変えるとわかります。例えば、沖縄ではあなたがz方向の測定を行い「上向き」という結果を得たとしましょう。一方、北海道の友人はx方向の測定を行い「下向き」という結論を得たとしましょう。このとき、**局所性を仮定するなら、**北海道の測定結果は沖縄の結果に影響を与えていません。あなたが沖縄でz方向の測定を行ったのは偶然で、x方向の測定をする可能性もあったことを考えると、あなたが友人と同じくx方向の測定をしていたとしたら、その結果は１００％「上向き」だったはずです。これは、あなたのところに来た電子はx方向とz方向の両方に確定した上向きのスピンを持っていたことを意味するので、不確定性関係から結論される「量子の重ね合わせ」という結論と真っ向から対立します。

局所性を仮定するなら、重ね合わせも不確定性もあり得ないのです。アインシュタインは、共同研究者のポドルスキー、ローゼンと共にこの主張をまとめ、局所性と両立しない量子力学は不完全なものである、という主張を展開しました。１９３５年のことです。これは今日では、３人の名前の頭文字をとってＥＰＲパラドクスと呼ばれます。

ベルの不等式と量子力学の勝利

沖縄に飛んできた電子のスピンは、量子力学が主張するように観測するまで確定されないのでしょうか？　それとも、アインシュタインたちが主張するように、把握できないメカニズムがあるだけで実は事前に決まっていたのでしょうか？

これは一見すると科学の問いではないように思われます。なぜなら、どちらを仮定しても実験結果を説明できるからです。これも繰り返しですが、科学の目的は、徹頭徹尾、現象を合理的に説明することです。現象を説明するための方法が2種類あったとしても、どちらが正しいかを原理的に判定できないなら、どちらが正しいかを議論することに意味はありません。せいぜい、好きな方を選んでくれ、というのが関の山です。量子力学とＥＰＲパラドクスの論争も、長い間そのように考えられていました。

ですが、これは大きな間違いでした。EPRパラドクスが提示されてから30年近く経った1964年、物理学者ジョン・スチュワート・ベルが、両者のどちらが正しいかを実験的に確かめる方法があることに気づいたのです。ベルのアイディアは、少々込み入ってはいますが、高校で習う確率の知識だけで理解できるので解説しましょう。

まず、北海道の友人はx方向、沖縄のあなたはy方向の測定を行うことにします。結果、友人の測定結果は「下向き」、あなたの結果は「上向き」だったとしましょう。測定の方向が同じならふたつの電子のスピンは必ず逆向きなので、友人の測定結果が「下向き」だったということは、あなたの電子のx方向のスピンが上向きであると言い換えられます。そこであなたは、この結果を「x方向にもy方向にも上向き」と記録することにします※3。この測定を何度も行ってたくさんのデータを溜めると、この事象が起こる確率がわかります。この事象が起こった回数を実験データの総数で割ればよいのです。こうして得られた「x方向にもy方向にも上向きである確率」を$P(x_+, y_+)$と書くことにします。〃+〃が上向きの印です。後で登場しますが、下向きは〃−〃で表します。

さて、ここからがミソです。あなたはxでもyでもない他の方向（ϕ方向としましょう）に測定を行うこともできたはずです。そこでこう考えてみましょう。

※3　もちろん、これは便宜的な書き方です。量子力学が正しければ、x方向とy方向のスピンが同時に確定することはありません。

x方向にもy方向にも上向きだったとき、ϕ方向のスピンは上向き、または下向きのどちらかだったはずだ。

一見何の問題もなさそうに思えますが、実はこの推論は局所性を前提にしています。なぜなら、**量子力学が正しいなら、あなたの測定によってy方向のスピンが確定しているとき、ϕ方向のスピンは重なり合い状態にあって決まっていない**からです。「重なり合い状態」と「本当は決まっているけどわからないという状態」は異なる状態なのです。今の目的は局所性が正しいときに何が起こるかを見ることなので、今はこの推論を推し進めます。

この推論が正しいなら、「x方向にもy方向にも上向き」という事象は、「x方向にもy方向にも上向きで、かつ、ϕ方向に上向き」という事象と「x方向にもy方向にも上向きで、かつ、ϕ方向に下向き」という事象の和集合です。したがって、

$$P(x_+, y_+) = \underline{P(x_+, y_+, \phi_+)} + P(x_+, y_+, \phi_-)$$

です。思わせぶりに引いた線の意味はすぐにわかります。

少々天下り的に感じるかもしれませんが、同じ考察から、友人がy方向、あなたがϕ方向の測定をして、沖縄の電子が「y方向に下向き、ϕ方向に上向き」という結果が出る確率は、

友人がx方向、あなたがϕ方向の測定をして、「x方向にもϕ方向にも上向き」という結果が出る確率は、

$$P(y_-, \phi_+) = \underline{\underline{P(x_+, y_-, \phi_+)}} + P(x_-, y_-, \phi_+)$$

$$P(x_+, \phi_+) = \underline{P(x_+, y_+, \phi_+)} + \underline{\underline{P(x_+, y_-, \phi_+)}}$$

と書けます。

似たような3つの式が登場しましたが、下線を引いた項を見比べると、最後の式の右辺に登場する2項が最初の2式の右辺にひとつずつ登場していることがわかります。確率は必ず正なので、線が引かれていない項は正です。したがって、最初の2式の左辺を足したものは、線を引いていない項がある分だけ、最後の式の左辺よりも必ず大きくなります。

$$P(x_+, \phi_+) \leq P(x_+, y_+) + P(y_-, \phi_+)$$

これが求めたかった結果で「ベルの不等式」と呼ばれます。強調しますが、この結論は局所性を前提にしています。つまり、量子力学が間違っていて局所性が正しいとしたらベルの不等式が必ず成り立ちます。ところが、同じ考察を量子力学で行うと、方向ϕをうまく選べばこの不等式

を破る結果になることを示せます。そして、これが重要なのですが、この式に登場する3つの確率は実験で測定できます。測定方向を決めて、飛んでくる電子のスピンを測り、その数を記録するだけです。これはすなわち、実験によってベルの不等式が成り立てばアインシュタインの勝ち、ベルの不等式が破れていれば量子力学の勝ちということを意味しています。**一見科学的に意味のない解釈論と思われていた両者が、実験的に白黒をつけられる問題であることが明らかになったのです！**

この不等式の検証実験は、1975年から1982年にかけてフランスの物理学者アラン・アスペによって行われました。その結果は驚くべきもので、量子力学の予言通りにベルの不等式が破れていたのです。これは本当に恐ろしいことです。なぜなら、量子力学の背後にある「確率」は、私たちがコントロールできない、いわゆる〝隠れた変数〟のためにそう見えるのだろう、という甘い考えがバッサリと否定されたからです。特に、ベルの不等式を導く際に用いた唯一の仮定である、「観測していないときのスピンの向きは上向きか下向きのどちらかだろう」という常識的には当たり前の推論が否定されたのは強烈です。これはすなわち、**量子力学が示唆する奇妙な特性を自然界の本質として認めるべし、**ということです。もちろん、量子力学が予言する「沖縄での観測が北海道の電子の状態を確定させる」という奇妙な現象も額面通り受け取らなければいけないことになります。**量子の絡み合いは本当に時空を超えるのです。**

相対性理論の危機？

最後にひとつだけ補足しておきましょう。この結論は、「情報が光速よりも速く伝わることはない」というアインシュタインの相対性理論が量子力学の世界では間違っていることを意味しているように思えるかもしれませんが、そうではありません。**量子の状態が確定することと情報が伝わることは別の概念**です。

例えば、地球から２３０万光年の彼方にあるアンドロメダ銀河にいるアンドロ星人とあなたが絡み合った電子の片割れを大量に持っていたとして、それを使ってアンドロ星人に情報を送るために「スピンが上向きなら0、スピンが下向きなら1」という符牒を決めたとしましょう。この状態であなたが地球で電子のスピンを決定すれば、２３０万光年の彼方にいるアンドロ星人の手元にある電子のスピンは即座に決定されます。一見、距離などものともしない超光速通信が完成したように見えます。

ですが考えてみてください。あなたが電子のスピンを測定したとしても、上向きになるか下向きになるかは完全にランダムです。「0」を送りたいと思ったときに、思ったように上向きスピンが観測にかかるとは限りません。あなた自身がランダムな0と1の列を観測するので、アンドロ星人が自分の手元にある電子のスピンを順番に測定しても、0と1のランダムな列が現れるだけです。さらに言うなら、アンドロ星人はあなたが本当に事前にスピンを測定していたのかどうかを知る手段がないので、こうして現れたランダムな列があなたの測定の結果なのか、それとも単に自分が重なり合い状態にいる電子の測定を行った結果なのかを区別できません。いずれにしても、観測によって重ね合わせ状態を解くだけでは情報は伝えられないので、量子力学の絡み合い状態に距離と無関係な相関があるからといって、相対性理論の根幹が揺らぐことはありません。量子力学と相対性理論は絶妙なところで共存が保たれているのです。

第8章

宇宙の計算機——量子コンピュータ

量子をめぐる長い旅路も終わりが見えてきました。最後に、量子の特性をフルに利用することで初めて可能になる「量子計算」と、それを実行する装置である「量子コンピュータ」のお話をしましょう。これまで紹介した例では、自然現象の背後に量子の特性が見え隠れしただけですが、これからお話しする量子コンピュータは量子の理を直接使う計算機。言うなれば宇宙のシミュレータです。量子のお話を締めくくるにはもってこいです。

「計算」とはなんだろう？

量子計算に移る前に、そもそも計算とはどういうものかを考えてみましょう。私たちが「計算」と聞いて真っ先に思い浮かぶのは、小学校で習った整数の足し算やかけ算でしょう。とはいえ、数には小数も分数もありますし、学年が進めば無理数も習います。計算方法も、微分・積分など、足し算やかけ算よりも高度な方法がたくさんあります。一言で計算と言っても、その実態は複雑に思えます。

ですが、よくよく考えてみると、高度なものも含めて、計算はすべて整数の計算の拡張です。例えば、小数の筆算は本質的に整数の筆算と同じです。すべての分数は小数で書けますし、無理数も望む桁まで小数で近似できるので、あらゆる数の四則演算は整数の四則演算から導けます。

微分・積分も細かく分割した数に四則演算を施すだけなので、結局のところ整数の計算に辿り着きます。**計算とはすなわち整数の操作に他なりません。**整数の操作を実行できる仕組みがあれば、それを適切なルールに基づいて組み合わせて、一定の近似の範囲内でどんな計算でも実行できることになります。私たちが紙と鉛筆で行う手計算の場合、小学校で習った整数の四則演算の方法が「整数の操作を実行できる仕組み」です。そして、この仕組みを何らかの方法で自動化すれば、それは計算機、すなわちコンピュータになります。

古典計算

では、整数とは何でしょう？　「1、2、3……っていうあれちゃうの？」と思いますね。正解です。ただ、日頃慣れ親しんでいる10進数表示は、多くの人の指が左右合わせて10本であることに由来した、人間の都合に合わせた方法です。ひとつの整数を表示するために「0、1、2、3、4、5、6、7、8、9」などと10個も記号を使うのはある意味無駄です（その代わりに桁数を節約できるのも確かですが）。計算というのは、詰まるところ、数字を表す記号を別の記号に変換する操作なので、計算を自動化したいと思ったなら、記号の数はできる限り減らし、変換ルールを単純化するべきです。

となれば、最適なのは、すべての整数を0と1だけで表現する2進数です。例えば、私たちが小学校で九九という9×9＝81個におよぶ膨大な表を覚える必要があるのは、記号の数が10個あるからです（本当は10×10＝100個必要ですが、0の段は自明なので覚える必要はありません）。これが「かけ算」という名前の〝記号変換ルール〟です。もし私たちが、10本の指ではなく、2本の腕で数を数える文化を発展させていたら、すべての数字は0と1で表されて、「九九」の代わりに「一一」を習ったことでしょう。2進数の筆算を実際にやってみるとわかりますが、2進数のかけ算は、どんなに桁が増えても（0をかけたら0になるのは当たり前として）1×1＝1と2進数の足し算だけで計算できます。10進法よりずっと簡単です。

このような2進数の整数を保存するための伝統的な仕組みが、222ページで登場した「ビット」、すなわち、0と1を収納できる箱です。1ビットで表現できる整数は0と1のふたつ。2ビットで表現できる整数は00、01、10、11の4つで、10進法で書くなら0、1、2、3です。ビット数が大きくなれば表現できる整数の数も増えて、例えば64ビットあれば0から$2^{64}-1$までの整数を表せます。これは10進法で約1845京という巨大な整数です。ですが、どんなに巨大な整数でも所詮はビットの集まりなので、ビットに入っている0や1という数字を自由に操作できれば、どんな計算でも表現できます。

このアイディアは具体化できて、入力した2ビットの両方が1のときには0を、それ以外では

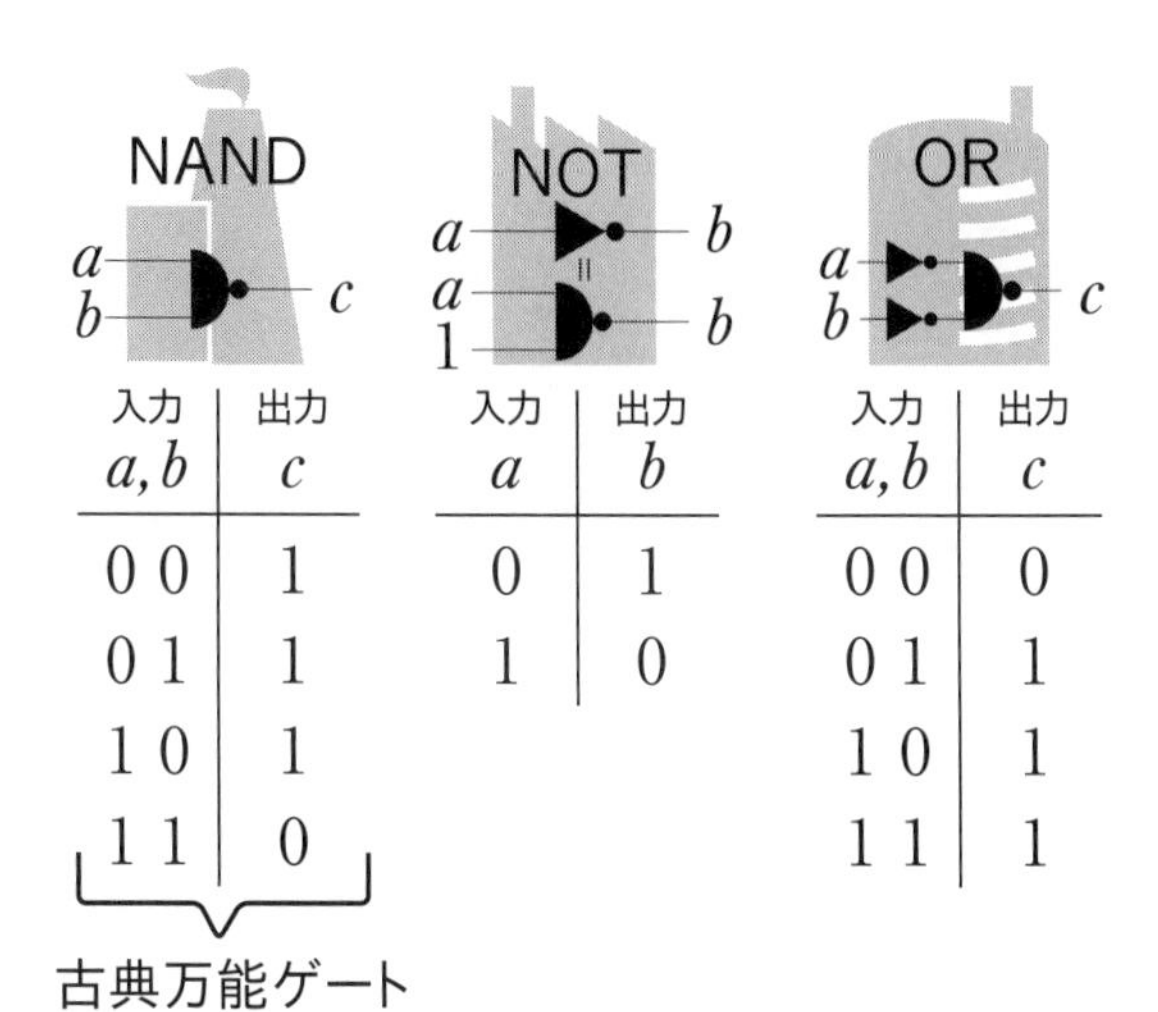

図8-1　古典万能ゲートNANDと、それらを組み合わせて作ったNOTとOR

1を出力する「ＮＡＮＤ」という操作を組み合わせれば、どんな2進数の計算でも表現できることが数学的に証明できます。例えば、入力された1ビットを反転させる「ＮＯＴ」という操作は頻繁に使いますが、これは、ＮＡＮＤの入力のひとつを「1」に制限することで実現できます。別の例としては、「ＯＲ」、すなわち、入力した2ビットの両方が0なら0を、それ以外では1を出力する、という操作は、両方の入力にＮＯＴを施した後でＮＡＮＤを施せば実現できます。図８－１を見ながら実際に確かめてみてください。

　ＮＡＮＤのように、ビット操作の「素」になる操作を「**(古典) 万能ゲート**」と呼びます。何らかの方法で万能ゲートさえ作ってしまえば、それらを組み合わせてどんなビット計算でも実現できます。これが現在主流のコンピュータの基本的な考え方で、「古典計算」と呼ばれます。皆さんが日頃使っているパソコンやスマートフォンはもちろん、テレビゲーム機も、世界中でスピード競争をしているスーパーコンピュータも、すべてこの考え方に基づいて計算を行う古典計算機です。

量子ビット

小学校以来慣れ親しんだ計算を素直に実現させたこの方法が「古典」と呼ばれるのは、計算の前提となる考え方が常識的な古典物理学の世界観に基づいているからです。何度も述べているように、古典物理学では、「粒子がxにいる」や「速さvで動いている」のように、状態がひとつに確定していることを大前提にしています。その意味で、0と1の確定的な状態であるビットを用いて数を表す古典計算は古典物理学的です。そして、ここまで読まれた方なら身に染みているように、この宇宙を動かしているのは量子力学で、古典物理学はその近似にすぎません。

この古典的な数の表現方法から脱却して、整数を量子論的に表してしまおう、というのが量子計算の出発点にして本質的なアイディアです。量子論的とは、重ね合わせ状態を基本にするということです。0と1の確定した状態である「古典ビット」を基本として、その確定的な変化を使って整数を扱うのが古典計算とするなら、**0と1の重ね合わせ状態である「量子ビット」を基本として、重ね合わせ状態や絡み合い状態を制御して整数を扱うのが量子計算**です。

この説明だけだと抽象的に感じるかもしれませんが、私たちは既にたくさんの量子ビットの例に出会っています。例えば、上向きスピンが0、下向きスピンが1と決めるなら、1個の電子は量子ビットになります。光子の右回りと左回りは量子状態なので、光子は量子ビットになります。シュレディンガーの猫で登場した放射性元素も、崩壊している状態としていない状態が重なり合うので（制御が難しいですが）量子ビットになり得ます。要するに、$|\alpha\rangle = \alpha_0|0\rangle + \alpha_1|1\rangle$と表せる量子状態のことを量子ビット、または、キュービット（qubit）と言います。古典ビットが0か1という2通りの情報を蓄えたのに対して、量子ビット$|\alpha\rangle$は、(α_0, α_1)という2個の複素数※1を通じて**0と1の重ね合わせ状態**を蓄えます。

量子ビットの威力

整数が量子ビットで表せるのはよいのですが、量子状態は古典的な直感がおよびません。日常的な世界観に即した古典ビットに取って代わるだけのメリットがあるでしょうか？

※1　状態ベクトルの長さには意味がないので、正確に言うなら $|\alpha_0|^2+|\alpha_1|^2=1$ に制限されます。

答えは「大あり」です。なぜなら、量子ビットは古典ビットに比べて桁違いに多くの情報を保存できるからです。

準備として1量子ビットの情報量を数えてみましょう。量子ビットは $|\alpha\rangle=\alpha_0|0\rangle+\alpha_1|1\rangle$ のようにふたつの複素数 α_0、α_1 を使った0と1の重ね合わせ状態なので、その情報量は複素数ふたつ分です。標準的には、複素数ひとつを表すのに64バイトの情報量が必要なので、1量子ビットには１２８バイト相当の情報量を保存できます。これが2量子ビットになると、0と1の組み合わせが4通りあるので、$\alpha_{00}|00\rangle+\alpha_{01}|01\rangle+\alpha_{10}|10\rangle+\alpha_{11}|11\rangle$ のように、複素数4個分、すなわち、２５６バイト相当の情報量となります。

「なんだ、古典ビットとあまり変わらないじゃないか」と思ったら大間違いです。2ビットで一度に表現できるのは、2進数で2桁の整数のうちの**ひとつ**です。一方、2量子ビットには $|00\rangle$、$|01\rangle$、$|10\rangle$、$|11\rangle$ という4つの状態がすべて重なり合っているので、2進数で2桁の整数の**すべてを同時に**表現できます。つまり、量子ビットは、ビットの数が増えると保存できる情報量がねずみ算式に大きくなっていくのです。

例えば、この数え方で評価すると、32量子ビットは約２７５ＧＢ（ギガバイト）に相当します。２０１９年の10月に、巨大ＩＴ企業Ｇｏｏｇｌｅが量子超越性（後で説明します）を証明したらしいというニュースが流れたときに使ったとされる量子コンピュータのプロセッサが53量子ビットです。今の単純計算で測った情報量は驚きの約５７６ＰＢ（ペタバイト）。これは、最近のパソコンの記憶媒体の標準的なサイズである１ＴＢ（テラバイト）の実に約58万倍。２０２０年現在のスーパーコンピュータに搭載されたメモリの量を凌駕しています。この数字だけで評価するなら、この本が読まれている頃には、量子コンピュータが扱う情報量は古典ビットでは到底太刀打ちできないレベルになっているでしょう。ただし、古典ビットと量子ビットは本質的に違うものなので、本来なら直接の比較はできません。この評価はあくまで目安です。

万能量子コンピュータ

特定のルールを組み合わせて、古典ビットで表された２進数を決められた順序に従って変形し、目的の計算結果を表す古典ビットに変形するプロセスが古典計算なのでした。このとき、古典ビットの変形に用いる「決められた順序」を**古典アルゴリズム**と言います。それに対して、**量子ビットで表される０と１の重ね合わせ状態を決められた順序で変形し、得られた量子ビットから情報を読み出して計算結果を知るというプロセス**が量子計算です。この場合の「決められた順序」が**量子アルゴリズム**です。

量子ビットの変形とはなんでしょう？　量子ビットは状態ベクトルであることを思い出してく

1量子ビット変形

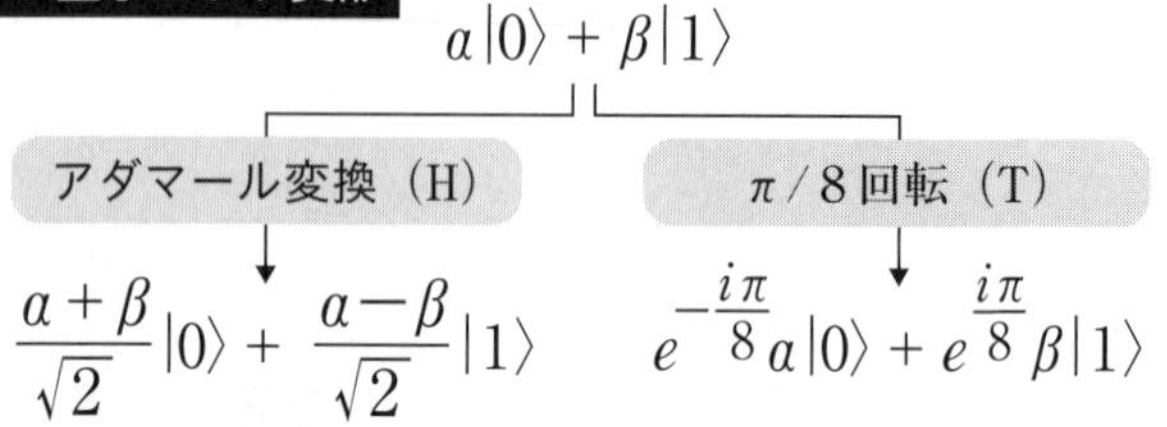

2量子ビット変形

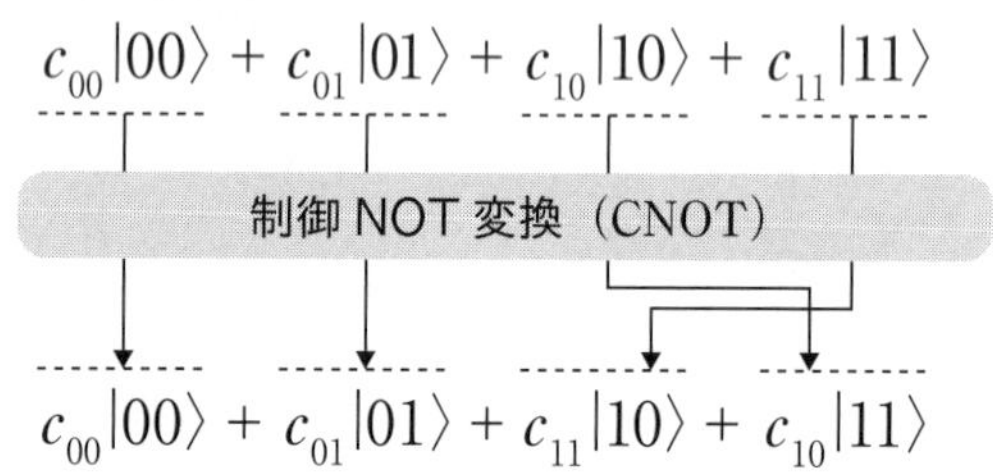

図8-2　あらゆる量子ビットの変改を生み出せる万能ゲートの量子版
あらゆる量子計算は、1量子ビットの変形であるアダマール変換とπ/8回転、および、2量子ビットの変形である制御NOT変換によって生成できる

ださい。132ページで見たように、状態ベクトルは行列が作用することで変化します。つまり、量子ビットの変形というのは、状態ベクトルに適切な（ユニタリー）行列を作用させることに他なりません。その意味で、量子計算は**宇宙の根源的な物理法則を直接使った計算**と言ってもよいでしょう。

古典コンピュータが大成功を収めたのは、どんなに複雑なビット操作でも、NANDという単純な操作の組み合わせで表現できたからです。では、量子力学で許されるあらゆる量子ビットの変形を生み出せる万能ゲートの量子版はあるでしょうか？　答えはYESです。証明は省きますが、1個の量子ビットを変形する「アダマール変換」と「π/8回転」、そして、2個の量子ビットの間に絡み合いを生み出す「制御NOT」という3つの操作を組み合わせると、どんなに複雑な量子ビットの変形でも作り出せます[※2]（図8-2）。すなわち、これらの基本的な操作を自由に施せる仕組みを作り出せれば、原理的にはどんな量子ビットの操作でも行えるということです。この仕組みを備えた装置を「万能量子コンピュータ」と呼びます。

なお、いわゆる量子コンピュータには、ここで解説した万能型の他に、特定の用途に特化した「アニーリング型」があります。万能型とアニーリング型にはそれぞれに短所・長所がありますが、この本では、特に断りがない限り、量子コンピュータと言ったら万能量子コンピュータを指すものと了解してください。

※2　正確には「任意の量子ビットの変形を限りなく正確に近似できる」ですが、実用上はそれで十分です。

量子コンピュータは古典コンピュータの上位互換

このように、古典コンピュータと量子コンピュータは計算の仕組みからして違うものですが、全く関係ないかというとそうでもありません。古典万能ゲートであるNANDは量子アルゴリズムで作れるからです。実際、図8-2の制御NOT変換を組み合わせると、3個の量子ビットに

ついて、最初の2個の量子ビットが両方とも|1⟩状態のときにだけ3個目の量子ビットが反転する、「トフォリ変換」と呼ばれる変換を作れますが、3個目の入力を|1⟩に制限しておけば、3個目量子ビットの出力は、最初の2個の入力が両方とも|1⟩状態のときにだけ|0⟩、それ以外は|1⟩となるのでNANDと同じです。量子計算で古典万能ゲートを作れるということは、古典アルゴリズムはそっくりそのまま量子コンピュータでも実行できるということ。すなわち、量子コンピュータは古典コンピュータの上位互換です。

ただし、注意点がふたつあります。ひとつは、すぐ後で説明するように、上位互換だからと言って量子コンピュータが古典コンピュータよりも速いと早合点してはいけません。あくまで、量子コンピュータが古典アルゴリズムをそのまま実行できる、というのがここで言う「上位互換」の意味です。

もうひとつは、これは量子アルゴリズムが古典コンピュータでは実行できないと言っているわけではないということです。量子アルゴリズムも決まった規則に沿った整数の操作である以上、古典コンピュータで再現できます。ただし、量子コンピュータが古典アルゴリズムをそっくりそのまま再現できるのに対して、重ね合わせ状態を使えない古典コンピュータでは、一般的な量子アルゴリズムの1ステップを再現するために何回も計算を繰り返す必要があります。したがって、量子アルゴリズムを古典コンピュータで再現しようとすると、一般には、その計算回数は量子コンピュータでの計算回数よりも多くなります。標語的に言うなら、**量子アルゴリズムは重ね合わせ状態を使って巨大な並列計算をしていると**言ってもよいでしょう。とはいえ、量子コンピュータが正しく動いているかをチェックするには信頼と実績のある古典コンピュータによるチェックが欠かせないので、手間がかかっても量子計算を再現できることは重要です。

量子コンピュータは古典コンピュータよりも速いのか？

では、量子コンピュータは古典コンピュータよりも速いのでしょうか？　答えは、「**問題とアルゴリズムと技術の進歩による**」です。ＹＥＳかＮＯで答えられそうな問いなのにこんな微妙な答えになるのには事情があります。順番に見ていきましょう。

２台のコンピュータのどちらが速いかを決めたければ、２台のコンピュータに同じ問題を計算させて、どちらが短時間で答えに辿り着くかを見ればよさそうです。これは古典コンピュータの間では意味があります。２台のコンピュータ上で同じアルゴリズムに基づいたプログラムを実行すれば、その機械本来の性能を比較できるからです。スポーツで喩えるなら、２人の選手が同じルールで競い合うフェアな競技と同じ状況です。

ですが、「計算」の意味からして異なる古典コンピュータと量子コンピュータでは状況が違います。確かに、量子コンピュータで古典アルゴリズムを実行することはできますが、それでは量子コンピュータを使う意味がありません。古典アルゴリズムで計算するなら、そのためにバリバリにチューンアップされた古典コンピュータを使えばよいのです。先ほど見たように、量子コンピュータの強みは、量子の重ね合わせや絡み合いを用いて、古典アルゴリズムよりも効率の良いアルゴリズムを実装できる点にあります。したがってこの競争は、共通の問題に対して、古典コンピュータは古典アルゴリズム、量子コンピュータは量子アルゴリズムを使い、どちらが短時間で解けるかを競う競争になります。同じ競技なのにそれぞれの選手のルールが違うようなものです。

こうなると、「1秒間に何回の計算ができるか」という単純な基準でコンピュータの速さを比べることができなくなります。例えば、古典コンピュータが1秒間に100回、量子コンピュータが1秒間に10回計算する能力があったとすると(本当はもっとずっと速いですが)、単純には古典コンピュータの勝ちです。ですが、もし、ある問題を解くために必要な計算回数が、古典アルゴリズムでは1万回、量子アルゴリズムでは100回だったとすると、この問題は古典コンピュータでは100秒、量子コンピュータでは10秒で解けることになり、量子コンピュータの勝ちです。

量子コンピュータに期待されている速さはこのような意味での速さです。実際、1回の計算を実行する速さは、現状の量子コンピュータよりも古典コンピュータの方がはるかに上です。現代のパーソナルコンピュータに搭載されているＣＰＵのクロック数は３ＧHz程度なので、単純計算で1秒間に30億回もの計算を実行する能力を持ちますが、新しめの論文を紐解いてみると、現在主流の超伝導量子ビットを用いた量子コンピュータで、1秒間に１０００万個程度のパルスしか含んでいません。もちろん、古典コンピュータのクロックと量子コンピュータのパルスは違う概念なので直接の比較はできませんし、将来的に技術が進歩して状況が変わる可能性もありますが、量子コンピュータがクロック数の意味で古典コンピュータを超えるのは至難の業でしょう。それにもかかわらず量子コンピュータが注目を浴びているのは、**量子アルゴリズムを使うことで減らせる計算回数が、このスピード差を埋め合わせて余りあるくらい劇的になり得る**からです。

古典と量子の素因数分解

一例として素因数分解を考えましょう。15＝３×５みたいなやつです。このくらい単純なら暗算でも一瞬ですが、例えば３２３９９を素因数分解してくれ、と言われたらそれなりに頭を使います。どういう戦略が考えられるでしょう？

真っ先に思いつくのは、小さい素数から順番に割り算することです。ちなみにこの場合、１桁と2桁の素数は全滅で、3桁目に突入してしばらくすると179×181に辿り着きます。この方法では、与えられた整数の半分の桁の素数のすべてで総当たりの割り算をしなければいけません。おまけに、大きな数になるとそれが素数かどうかの判定が必要なので、結局、その桁に至るまでのほとんどすべての整数で割り算することになります。結果、2進法でN桁の自然数の素因数分解を行うには、最悪の場合、$2^{\frac{N}{2}}$回程度の計算が必要になります。

桁数が増えるに従って必要な計算回数がねずみ算式に増えるので、ある桁数ではなんとか実行できたとしても、ちょっと桁を増やせば現実的には実行不可能になります。実際、このアルゴリズムなら、Nが20増えれば計算回数が約1000倍になります。例えば2進法で1万桁の整数の素因数分解に1年かかったとしたら、1万飛んで20桁の整数の素因数分解には約1000年かかるので、もう実行不可能です。もちろん、素因数分解の古典アルゴリズムはよく研究されていて、こんな総当たり方式よりもはるかに賢いやり方が知られていますが、それでも、桁数の増加と共に計算回数がねずみ算式に増えるという事情は同じです。このように、問題を解くために必要な計算回数が問題の大きさに対してねずみ算式に増えてしまうと、どんなに速い計算機を用意してもすぐに太刀打ちできなくなってしまいます。

一方、因数分解には量子アルゴリズムも知られています。1994年にアメリカの理論計算機科学者ピーター・ショアが発見した、いわゆる「ショアのアルゴリズム」です。これはさほど難しいアルゴリズムではありませんが、ちゃんと理解するには何段階かに分けた解説が必要になるので、詳細は他書に譲りましょう。今の文脈で大事なのは、ショアのアルゴリズムでは、素因数分解する数字が大きくなっても、計算量が桁数の二乗程度でしか増えないという事実です。これは劇的です。2^N と N^2 を比べてみるとわかりますが、N が20倍になったとき、2^N は約１００万倍になるのに対して、N^2 は４００倍にしかなりません。文字通り桁が違います。そのため、ショアのアルゴリズムが実装されれば、N が大きくなっても素因数分解するのにかかる時間がさほど増えません。結果として、仮に小さな N では古典計算機の方が速かったとしても、N が大きくなれば、確実に量子コンピュータの方が早く解けるようになります。

ちなみに、ここで述べた「巨大な数の素因数分解は難しい」という事実が、現代のインターネットの安全な通信を支えています。実際、ネット経由でクレジットカード番号を入力するときなどに使われるＲＳＡ暗号では、大きなふたつの素数を掛け算して得られる巨大な整数を使って暗号化が行われます。そしてこの暗号は、暗号化に用いた数の素因数を知っていれば解錠できます。したがって、暗号に使われている巨大な整数の素因数分解が簡単に実行できれば、インターネットのトラフィックに流れているクレジットカード番号や暗証番号などが読み取り放題になってしまうのですが、古典コンピュータが主流の現代では巨大な数の素因数分解は実質的に実行不可能であるため、通信の安全性が確保されているわけです。ところが、もし高速の量子コンピュータが完成してショアのアルゴリズムが実装されれば、社会基盤を支えるこの暗号技術が無効化されます。ショアのアルゴリズムが非常に大きなインパクトをもって迎えられたのはそのためです。

量子超越性

今述べたように、量子コンピュータの利点は、問題の複雑さの増加に伴う計算回数の増加を古典アルゴリズムよりも劇的に緩やかにできる点です。これが、先ほど名前だけ登場した「量子超越性」です。これまでの説明からも直感的にわかるように、量子超越性は理論的には間違いなく成り立っていると思われます。その秘密は、前章で強調した「重ね合わせ」と「絡み合い」にあります。

まずポイントになるのは、258ページでも強調した、重ね合わせ状態にある量子ビットが保持する圧倒的な情報量です。この重ね合わせ状態を一度に変形する操作は、古典コンピュータから見ると巨大な並列計算とみなせるのでした。重ね合わせによって生じる並列計算が計算回数を減らしてくれているわけです。この並列計算を裏で支えているのが量子ビット同士の絡み合いです。沖縄で行った観測が北海道の電子に影響を与えたように、絡み合った量子状態では、ひとつの量子への作用がその量子系全体に波及します。一度の操作で複数の量子ビットを変形できるのはそのためです。量子コンピュータの速さは、量子最大の特性である重ね合わせと絡み合いの結果なのです。

量子計算の実行結果を知るときにも重ね合わせが活躍します。量子力学の観測結果は確率的に決まるので、せっかく量子計算を実行しても、答え以外の〝ゴミ状態〟が一緒に重なり合っていたら、観測結果がゴミなのか答えなのかわからず、量子計算は絵に描いた餅になってしまいます。アルゴリズムの種類にもよりますが、この問題を解決するために重ね合わせによる干渉を使うのは有効な方法です。量子ビットは状態ベクトルなので波動性を持ちます。42ページで見た光の干渉では、波の山と山が重なり合った場所で光が強め合って明るくなりましたが、同じように、状態ベクトルを適切に重ね合わせることによって、計算の答えに相当する量子状態だけを強め合うようにしよう、というのがこの手のアルゴリズムのアイディアです。この処理によって、量子状態の観測を行っても高確率で正しい結果が得られます。

このように、〝うまくいっている〟量子アルゴリズムは、量子が持つ重ね合わせや絡み合いの特性を上手に利用して古典アルゴリズムよりも効率の良い計算を実現しています。こうした理論的な考察から、量子超越性は間違いなく成立しているだろう、というのが大方の予想です。ただ、それでもやはり、量子コンピュータの実機で証明がなされていない以上、これは予想にすぎません。2019年に流れた「Googleが量子超越性を証明したらしい」というニュースが注目を浴びたのはそのためです。ライバルであるIBMの反論もあるので確定ではありませんが、おそらく非常に近い将来、より強い主張がなされるはずです。それが実証されれば、量子コンピュータの実現に向けた大きな一里塚になることでしょう。

量子コンピュータは古典コンピュータを駆逐するか？

今なら、量子コンピュータは古典コンピュータよりも速いのか？　という問いに対して、「問題とアルゴリズムと技術の進歩による」と答えた理由がわかると思います。量子コンピュータがその威力を発揮するのは、古典アルゴリズムでは膨大な時間がかかってしまう問題に対して、計算回数を大きく減らせる量子アルゴリズムが存在するときです。そして、今の量子コンピュータのスピード程度であれば、古典アルゴリズムで十分速く解ける問題ならばわざわざ量子コンピュータで解く必要はありません。古典コンピュータ以上のことができる可能性を秘めているとは言え、量子コンピュータはどんな問題でもたちどころに答えが得られる夢の万能マシンではないのです。

加えて、これまで知られている古典アルゴリズムがその問題に対する最適な古典アルゴリズムであるとも限りません。これには面白い実例があります。推薦システム、すなわち、「過去の履歴から最適な商品やコンテンツを見つける」というタスクを実行するためのアルゴリズムは、当初、量子アルゴリズムの方が優位であることがわかっていました。ところが、この量子アルゴリズムに刺激を受けて古典アルゴリズムを見直した結果、なんと、量子アルゴリズムと同等の計算回数を持つ新しい古典アルゴリズムが構築できてしまったのです。こうなると、量子コンピュータを使うメリットはなくなります。極端な話、（あり得ないとは思いますが）「量子アルゴリズムと同じ計算量を持つ古典アルゴリズムが必ず存在する」という、量子コンピュータの存在価値を脅かしてしまうような数学的な定理がないとも言い切れません。

その一方で、量子物理や量子化学、機械学習などの分野で、明らかに量子アルゴリズムが有効と思われる問題が数多く報告されています。この先、数百量子ビット程度を連結した中規模の量子コンピュータが現れれば、これらの問題に関しては古典コンピュータよりも量子コンピュータの方が優位になる可能性が高いと（少なくとも私は）予想しています。ただし、それでもなお、ショアのアルゴリズムが力を発揮して、現在の暗号技術が無効化されるにはデバイスの規模が小さすぎます。その意味で、現状のインターネット通信はしばらく安泰です。

このように、古典コンピュータと量子コンピュータのそれぞれにメリットがある以上、最低でも向こう数十年程度の間は計算機のすべてが量子コンピュータに取って代わるような事態にはならないと思われます。その情勢がひっくり返るとしたら、次に説明するエラー訂正の仕組みが量子コンピュータに搭載されるときでしょう。

量子コンピュータの課題と未来

現在の量子コンピュータの最大の問題は、外的な要因で生じる誤差に弱いことです。さんざん強調したように、量子計算のキモは量子ビットの重ね合わせと絡み合いです。この状態は大変デリケートです。量子ビットが熱や電磁波のような外的な要因にさらされると、観測されたときと同じように大量の量子との相互作用が生じて、重ね合わせや絡み合いが解けてしまいます。量子計算の進行中にこのようなことが起これば、量子ビットは想定していない状態に変化してしまい、正しい答えが得られません。

実は、似たようなことは古典コンピュータにも起こります。ではどうしているかというと、古典ビットにエラーが生じる度に元に戻しているのです。理屈は簡単で、複数の古典ビットをセットにして、あたかもひとつのビットのように扱います。例えば3つのビットをセットにしたとすると、正しい計算が行われている限り、この3つのビットは常に同じ値を保ちます。もし、計算の途中で何らかのエラーが生じて3つの内のひとつが他と違う値になったら、そのひとつを他ふたつの値に揃えればよいのです。エラーがふたつのビットに同時に生じる確率は、ひとつだけに生じる確率よりも遥かに低いので、この方法でかなりのエラーが抑えられます。もちろん、セットにするビットの数を多くすればそれだけエラーに強くなります。この仕組みを「誤り訂正」と呼びます。私たちが日頃、コンピュータの計算ミスを想定せずに安心してネット経由の買い物や書類作成ができるのも、コンピュータが誤り訂正の仕組みを備えているからです。

量子コンピュータの場合には、量子力学に「状態ベクトルのコピーを作ることができない」という一般的な性質があるために「同じ量子ビットを大量に用意する」という技が使えません（証明は巻末の付録を参照してください）。その代わりに、トポロジーと呼ばれる数学の構造を巧妙に使うなど、量子ビットに生じたエラーを元に戻す手法がいくつか提案されており、**量子誤り訂正**の名で呼ばれています。量子誤り訂正の戦略は古典コンピュータのそれとは根本的に異なりますが、複数の量子ビットを使ってエラーを制御する点は同じです。結果、エラーの心配のない量子計算を実行するには、全く新しいエラー訂正の仕組みが発見されない限り、数千量子ビットを搭載したマシンが必要になります。

一方、現在の量子コンピュータは、最先端の一点もののマシンでも、数十量子ビット程度の規模です。これでも数年前と比べれば格段の進歩なのですが、残念ながらこの程度の小規模の量子コンピュータでは量子誤り訂正の仕組みを搭載する余裕がありません。量子誤り訂正が搭載可能な数千量子ビットという膨大な量子ビットを連結させるには、量子ビットの集積化など、技術的な問題が山積みで、最低でも20年はかかるだろうと言われています。そのため、現在の量子コンピュータの研究は、量子的なノイズがあることは承知の上で、数十～数百程度の量子ビットを備えたマシンであるＮＩＳＱ（Noisy Intermediate-Scale Quantum）デバイスを作り、ノイズの影響が出にくい問題に関して量子コンピュータの優位性を検証しよう、という方向に進んでいます。

私が思うに、この方向性に研究が進む間に、量子デバイスの性能は加速度的に進化するでしょう。古典コンピュータのＣＰＵもこの20年あまりの間に１０００倍近く速くなったのです。今でこそ古典コンピュータとは比較にならないほど遅い量子デバイスですが、ひとたびその有用性が証明されて商業ベースに乗れば、開発速度は加速度的に速まり、その処理速度はどんどん古典コンピュータに近づくでしょう。おそらく、その状態に達する頃には、量子コンピュータにいよいよ誤り訂正の仕組みが搭載されます。そうなれば状況は一転します。

電圧でビット情報を記録する古典コンピュータと違い、多くの量子コンピュータでは電流による発熱が少なくてすみます。消費電力が小さく、速さも遜色なく、エラー制御の仕組みを備え、古典アルゴリズムの上位互換である量子アルゴリズムを実行できるマシンと、大量の電力を消費するのに量子計算の恩恵を受けられない古典コンピュータでは勝負になりません。それでも、直近の数十年程度の間は、古典コンピュータも引き続き社会の中で重要な役割を果たし続けるでしょうが、遅かれ早かれ、それも終わりを迎えます。主流の輸送手段が蒸気機関から内燃機関や電気機関に置き換わったように、照明が白熱電球から蛍光灯に、そしてＬＥＤに置き換わったように、計算機のすべてが量子コンピュータに取って代わる未来が必ず訪れます。

その時代を生きる人々はものの見方が今と全く違うはずです。生活の中に量子コンピュータが入り込み、小学校で量子計算を教わり、さまざまな物理現象も当たり前のように量子の視点で説明される。これらは、まぎれもなく「はじめに」で述べた量子の経験です。この経験によって育まれた直感は、古典物理学で育まれる直感とは全く異なるはずです。１００年後に生を受けるはずの量子ネイティブな子供たちが、どんな直感を育み、どんな眼でこの宇宙を眺め、どんな世界を創っていくのか、私は楽しみでなりません。この本がその視点を想像するための第一歩になることを、そして、その時代が良いものであることを願いつつ、長いお話を終えたいと思います。

最後まで読んでいただきありがとうございました。

おわりに

「相対性理論と量子力学はどちらが難しいですか?」

たまに聞かれる質問のひとつですが、悩む余地すらありません。圧倒的に量子力学です。なぜなら、相対性理論の根底には「見えたもの」=「存在しているもの」という古き良き古典物理学の発想が息づいているのに対して、「見えているものが世界ではない」と考える量子力学では、どうしても「存在とはなんだろう……」という答えを出しにくい哲学的な問いがついてまわるからです。

これは、相対性理論がアインシュタインというひとりの巨人によって作られたのに対して、本書で述べた意味での量子力学の完成に関わった主な人物を思いついた順番に列挙するだけでも、プランク、アインシュタイン、ボーア、ド・ブロイ、ハイゼンベルク、シュレディンガー、ボルン、ボーム、フェルミ、パウリ、ディラック、朝永、ファインマンなどなど、正直挙げきれないくらい多数にわたることからも窺い知れます。その発展の歴史も、ほとんど一本筋で完成した相対性理論とは対照的に、量子力学が完成するまでには研究者同士が激しく議論を戦わせ、時に迷走したことすらありました。量子力学は練り上げられるように作られたのです。重ね合わせの原理に反対したシュレディンガーの逸話や、量子力学そのものを不完全と断じたアインシュタインの議論は本文でもご紹介した通りです。学習者の視点からすれば、多少の準備をすれば歴史通りに学べる相対性理論と、歴史通りに学べば確実に混乱し、準備を整えようと思うと哲学的な問いと直感の及ばない数学とが行く手を阻む量子力学のどちらが難しいかは言うまでもないでしょう。

こういう歴史を持つ量子力学なので、現在、量子を知らない人にその内容をさらりと説明するのは至難の業です。経路積分法の創始者であるファインマンをして「量子力学を理解している人など誰もいない」と言わしめたのは伊達ではありません。大学で量子力学を学ぶ際には、「意味は深く考えずにひたすら計算せよ」という態度が推奨されるほどです（受け入れがたいと思いますが、確かにこれは早道です）。20世紀の量子力学は、洗練された計算方法を持ち、観測結果を完璧に説明できるけれども、直感的に理解できない、または、直感的に理解してはいけない体系として発展したと言っても過言ではないでしょう。

私がこの本を書こうと思ったのは、こんなねじれた時代は長くは続かないだろうと思っているからです。量子の理は宇宙の理です。にもかかわらず直感的な理解が及ばないのは、単純に、今の私たちは量子の理で世界を観ていないからです。人類の直感を支える自然観はこうしている間にも常に更新されています。いずれ必ず、量子の理が人の直感を支える時代が来るでしょう。

この思いは、近年の量子コンピュータの発展を目の当たりにしてますます強くなりました。最終章でも述べましたが、量子コンピュータは量子の理をダイレクトに使った計算機です。ほんの数年前までは予備実験レベルだったはずなのに、いまや、小規模とはいえ、本物の量子コンピュータがクラウドで一般公開されていて、インターネット経由でプログラムの実行すらできるのです！　これは衝撃的です。量子コンピュータのプログラム言語は、まだ古典コンピュータのそれほど完全に整備されているとは言えませんが、それでも、ある程度勉強すれば、量子コンピュータに命令を投げて、量子ビットの振る舞いを目の当たりにできます。

誤解を恐れずに言うなら、量子を量子のまま、自分の手で動かせるのです。これは、量子力学の練習問題を「意味を考えずにひたすら計算」するよりもはるかに直接的な量子の体験です。量子の状態ベクトルである量子ビットは当たり前のように重なり合い、当たり前のように絡み合い、当たり前のように確率的な応答を返します。この当たり前の繰り返しの先には、確実に量子の直感があります。

近い未来に必ず現れるプロの量子プログラマは、量子の理でアルゴリズムを組み、量子の理でプログラムを書く必要がありますが、その次世代は間違いなくこれを直感でこなすでしょう。彼らにとって、量子は当たり前。その時代の人々であれば、量子コンピュータの挙動を見せて「これが量子だよ。重なり合ってなきゃこうはならないでしょ？」と言えば、量子力学のエッセンスは説明完了です。現代では不可能な「量子を知らない人にその内容をさらりと説明すること」が

実行できるのです。「はじめに」で書いた、

量子を単純に「不思議だ〜」と思うだけの時代はそろそろ終わりです。

という一文は、この時代には実に陳腐に聞こえることでしょう。

とはいえ、時代はまだ過渡期です。量子コンピュータの性能はまだまだ不十分。この時代に量子を理解したいと思ったら、やはり自然界に目を向けるのが王道です。これはどんな学習でも同じですが、まずは顕れである自然をよく観て、そこに見え隠れするパターンと知識とを摺り合わせて理屈を体得し、その経験を元に再び自然に目を向ける。このフィードバックを伴うスパイラルが「正しい経験」です。そしてこれは、時代が進んで量子コンピュータが当たり前になっても同じでしょう。量子コンピュータは間違いなく理解を早めてくれますが、やはり本物は自然の中にあります。「最近の若いもんはコンピュータだけを見てわかった気になっとるが、本当に量子をわかりたかったら自然を観なきゃダメなんじゃ！」という未来のじいさんが眼に浮かぶようですが、おそらくそれは正しいのです。

私はこの本を、そんな「正しい経験」の見立てとなるよう構成したつもりです。本文で書いた波と粒子の二重性も、行列とベクトルを用いた量子の記述も、自然界の現実を表現するために必要に駆られ、必然的に辿り着いた人類の知恵です。表現の仕方が異なる複数の量子力学があり得

るのも、科学とは現象の説明体系である、というまっとうな態度を真摯に貫いた結果です。普通、この手の〝難しい〟内容はこのような一般向けの本には書かないのかもしれませんが、この部分を正直に真正面から捉えない限り量子には至れないだろうと思い、敢えて中心的な話題として盛り込みました。成功したかどうかは時代の審判を経なければいけませんが、これが「量子なんて当たり前」への本道と私は信じています。

とはいえ、紙幅の関係で省かざるを得なかった内容もたくさんあります。その最たるものが、当初の計画では盛り込む予定だった場の量子論です。量子力学から「量子場」に至る道筋も平坦ではありませんでした。量子力学に輪をかけて混乱の多かった場の量子論は、今でこそ素粒子物理学の基礎理論と認識されていますが、かつては「意味のない理論である」と言われてほとんど死にかけていた時代すらあるのです。今から見るとその歴史も半ば必然で、その視点を知ると量子力学の理解も一段と深まるので、本書に盛り込めなかったのはやはり残念です。興味のある方は是非、場の量子論も勉強してみてください。

最後になりましたが、前作から引き続き担当してくださった家田有美子さん、本書を執筆するきっかけをくださり、冷静な視点から的確なアドバイスをくださった篠木和久編集長、執筆の最終段階の原稿にたくさんの貴重な意見をくれた加堂大輔氏と本多正純氏、執筆や議論の間にいつも励ましてくれた小林晋平君、議論を通じていつも刺激をくれる共同研究者の皆様、あらゆる場面で陰に陽に支えてくれた両親、妻、子供たち、そして、ここには書き切れない、これまで私に関わってくれたすべての人たちに感謝します。

2020年4月

コロナ騒動真っ只中の横浜にて

1. ベクトルと行列のエルミート共役

今、ベクトル$\vec{v}$を

$$\vec{v}=\begin{pmatrix} v_1 \\ \vdots \\ v_N \end{pmatrix} \tag{1}$$

のように縦ベクトルで表すことにします。成分は一般に複素数です。そして、これと対をなす「エルミート共役」と呼ばれる横ベクトルを、

$$\vec{v}^{\dagger}=(v_1^*,\cdots,v_N^*)$$

と定義します。右上の記号"†"は「ダガー」と読み、エルミート共役を表す一般的な記号です（当然、$\vec{v}^{\dagger\dagger}=\vec{v}$です）。以下、特に断らないときにはベクトルや行列のサイズはNとします。

なぜこんなものを導入するかというと、複素ベクトルの長さを表すのに便利だからです。実際、ベクトルとそのエルミート共役の通常の内積 $\vec{v}^{\dagger}\cdot\vec{v}$ は正の実数で、ベクトル$\vec{v}$の長さの二乗です。エルミート共役は、複素ベクトルのベクトルの長さを測ろうとするとごく自然に登場する概念というわけです。本文で述べた内積は、正式には「エルミート内積」と呼ばれ、しばしば次のような記号を用いて表します。

$$\langle\vec{v},\vec{w}\rangle=v_1^*w_1+\cdots+v_N^*w_N=\vec{v}^{\dagger}\cdot\vec{w}$$

ちなみに、エルミート共役は行列にも定義できて、行列$\hat{A}$とそのエルミート共役$\hat{A}^{\dagger}$は次のように定義されます。

$$\hat{A}=\begin{pmatrix} A_{11} & \cdots & A_{1N} \\ \vdots & \ddots & \vdots \\ A_{N1} & \cdots & A_{NN} \end{pmatrix},\quad \hat{A}^{\dagger}=\begin{pmatrix} A_{11}^* & \cdots & A_{N1}^* \\ \vdots & \ddots & \vdots \\ A_{1N}^* & \cdots & A_{NN}^* \end{pmatrix} \tag{2}$$

単純に成分の複素共役を取っているだけでなく、行と列がひっくり返っていることに注意してください。これは、縦ベクトルが横ベクトルになったのと同じことです。要するに、エルミート共役とは「ひっくり返して複素共役を取る」という操作です。

2. とっても便利なベクトルの表し方　~ディラックのブラケット~

ここで、量子力学、というよりも、線形代数を扱うときに非常に便利なベクトルの記法を紹介します。本文にも登場しましたが、ベクトル$\vec{v}$とそのエルミート共役$\vec{v}^\dagger$を次のような記号で表すのです。

$$\vec{v} \leftrightarrow |v\rangle$$：「ケット」ベクトル

$$\vec{v}^\dagger \leftrightarrow \langle v|$$：「ブラ」ベクトル

ディラックによって導入されたこの奇妙な命名は、エルミート内積を表す括弧（bracket）の記号$\langle \vec{v}, \vec{w} \rangle$からきています。括弧（bracket）の左半分を“bra”$\langle v|$、右半分を“ket”$|w\rangle$と考えたわけです。ベクトルを表す矢印も邪魔なので取ってしまっています。

この記号の便利さは、手を動かして計算をするとすぐにわかります。そもそも、ベクトルとそのエルミート共役は同じ情報を持ったペアで、大切なのは横ベクトルか縦ベクトルかです。元々の$\vec{v}$, $\vec{v}^\dagger$という表記ではその違いが明確ではありません。例えばエルミート内積は$\langle \vec{v}, \vec{w} \rangle = \vec{v}^\dagger \cdot \vec{w}$が正しいですが、これをつい$\vec{w}^\dagger \cdot \vec{v}$と書いてもあまり間違いに気づきません。ところがブラ・ケット記法なら、$\langle \vec{v}, \vec{w} \rangle = \langle v|w\rangle$なので間違いようがありません。私は密かに、高校の数学でもベクトルはブラ・ケットで教えれば良いのに、と思っています。

3. 基底ベクトルと行列の成分

今、次のようなN個のベクトルを考えます。

$$|e_1\rangle = \begin{pmatrix} 1 \\ 0 \\ \vdots \\ 0 \end{pmatrix}, \quad |e_2\rangle = \begin{pmatrix} 0 \\ 1 \\ \vdots \\ 0 \end{pmatrix}, \quad \cdots, \quad |e_N\rangle = \begin{pmatrix} 0 \\ 0 \\ \vdots \\ 1 \end{pmatrix} \tag{3}$$

当たり前ですが、(1) のようなベクトル$|v\rangle(\vec{v})$は、$\{|e_i\rangle\}$の線形結合として一意的に表せます。

$$|v\rangle = v_1|e_1\rangle + \cdots + v_N|e_N\rangle$$

また、(2) のように表示される行列$\hat{A}$の成分は、

$$A_{ij} = \langle e_i | \hat{A} | e_j \rangle$$

と表せることもわかると思います。このように、任意のベクトルを一意的にその一次結合として表せるようなN個のベクトルの組を「基底」と呼びます。ベクトルや行列の成分とは、基底で分解したときの成分に他なりません。

これは、基底を変えるとベクトルや行列の成分も変わるということを意味しています。事実、(3)で与えられた$\{|e_i\rangle\}$は基底の典型例ですが、これが唯一の基底というわけではありません。例えば$\{|b_i\rangle\}$を基底とすると、ベクトル$|v\rangle$は$\{|b_i\rangle\}$による線形結合として

$$|v\rangle = v'_1 |b_1\rangle + \cdots + v'_N |b_N\rangle$$

のように表せますが、一般には$\{v'_i\}$は$\{v_i\}$とは違います。行列$\hat{A}$の成分も、

$$A'_{ij} = \langle b_i | \hat{A} | b_j \rangle$$

となります。証明は省きますが、適当な線形結合を取り直すことによって、すべての基底ベクトルの長さが1で、異なる基底ベクトル同士のエルミート内積が0となるように$\{|b_i\rangle\}$を選ぶことができます。すなわち、

$$\langle b_i | b_j \rangle = \delta_{ij} = \begin{cases} 1 & (i=j) \\ 0 & (i \neq j) \end{cases} \tag{4}$$

です。ここで唐突に登場したδ_{ij}は、iとjが等しいときは1、それ以外のときは0となることを表す便利な記号で、「クロネッカーのデルタ」と呼ばれます。これは本当に便利なので、今後も使っていきましょう。このような条件を満たす基底を特に「正規直交基底」と呼びます。今後、特に断りのない限り、基底と言えば正規直交基底を指すことにしましょう。

4. 固有値と固有ベクトル

今、$\hat{A}$という行列があったとしましょう。行列は一般にベクトルを線形変換しますが、$\hat{A}$の作用によって定数倍（a）しか変わらない特別なベクトルが存在します。そのベクトルを$|a\rangle$と書くことにすると、

$$\hat{A}|a\rangle = a|a\rangle$$

です。このとき、ベクトル$|a\rangle$を行列$\hat{A}$の固有ベクトル、値aを固有値と呼びます。

大抵の場合、ひとつの行列$\hat{A}$に対して固有値も固有ベクトルも複数ありますが、ここでは、一次独立な固有ベクトルが行列のサイズと同じN個あるような場合、すなわち、固有ベクトルが基底ベクトルになるような場合だけを考えます（いわゆる「対角化可能」という性質です）。先ほどの用語を使うなら、固有ベクトルは正規直交基底になるということです。もちろん、数学的にはそんな行列ばかりではありませんが、量子力学の初歩の段階であればこのような状況を考えるだけで十分です。

先ほど、行列の成分は基底によって変わると述べましたが、固有ベクトルを基底に選ぶと、行列の成分は

$$\langle a_i|\hat{A}|a_j\rangle = a_i\delta_{ij} = \begin{cases} a_i & (i=j) \\ 0 & (i\neq j) \end{cases} \tag{5}$$

のようになり、対角行列だけが成分を持つという特別な表示になります。

5. 測定値と固有値

今、行列$\hat{A}$を物理量に対応する行列としましょう。この物理量を実際に測定すると、通常は測定する度に異なる値が観測されることは本文に述べた通りです。実は、この説明の背景には「固有値」が隠れています。

固有ベクトルは基底になることを仮定しているので、状態ベクトル

$|\psi\rangle$は、

$$|\psi\rangle = \psi_1 |a_1\rangle + \cdots + \psi_N |a_N\rangle \tag{6}$$

のように行列$\hat{A}$の固有ベクトルの和で表すことができます。もちろんψ_iは複素数です。状態ベクトルは長さが1なので、ψ_iは、

$$\langle\psi|\psi\rangle = \sum_{i=1}^{N}\sum_{j=1}^{N} \psi_i^*\psi_j\langle a_i|a_j\rangle = \sum_{i=1}^{N} |\psi_i|^2 = 1$$

を満たします（(4) 式を使いました)。このとき、量子力学では、この物理量を測定すると固有値a_i（$i=1,\cdots,N$）のいずれかが測定され、その確率は$|\psi_i|^2$であると考えます。実際、本文で述べた通り、観測したときの$\hat{A}$の平均値は期待値、

$$\langle\hat{A}\rangle = \langle\psi|\hat{A}|\psi\rangle = \sum_{i=1}^{N} a_i |\psi_i|^2$$

で与えられると考えますが、これは「$|\psi_i|^2$という確率でa_iという値が測定される」と考えることに他なりません。

6. 位置行列と運動量行列のエルミート性

位置や運動量のように、観測される値が常に実数であるような物理量があります。測定値は$\hat{A}$の固有値に対応するので、行列$\hat{A}$は、複素数を成分に持つ行列であるにもかかわらず、その固有値a_iは実数でなければいけません。これは行列の形に一定の制限を与えます。

今、基底を$\{|b_i\rangle\}$とします。もちろん、行列$\hat{A}$の成分は$A_{ij} = \langle b_i|\hat{A}|b_j\rangle$ です。固有ベクトルは基底のひとつなので、基底ベクトル$\{|b_i\rangle\}$は、$\hat{A}$の固有ベクトル$\{|a_i\rangle\}$の線形和として、

$$|b_i\rangle = U_{i1}|a_1\rangle + \cdots + U_{iN}|a_N\rangle = \sum_{j=1}^{N} U_{ij}|a_j\rangle$$

のように書けます。$\{|a_i\rangle\}$も$\{|b_i\rangle\}$も（4）を満たす正規直交基底なので、

$$\delta_{ij} = \langle b_i|b_j\rangle = \sum_{k,l=1}^{N} U_{ik}^* U_{jl}\langle a_k|a_l\rangle = \sum_{k=1}^{N} U_{ik}^* U_{jk}$$

より、行列 U_{ij} は、

$$\sum_k U^*_{ik} U_{jk} = \delta_{ij} \tag{7}$$

を満たします（このような行列をユニタリー行列と呼びます）。

ここで、行列$\hat{A}$の成分を固有値a_iとユニタリー行列U_{ij}を使って表してみましょう。

$$\begin{aligned} A_{ij} = \langle b_i | \hat{A} | b_j \rangle &= \sum_{k,l=1}^{N} U^*_{ik} U_{jl} \langle a_k | \hat{A} | a_l \rangle = \sum_{k,l=1}^{N} U^*_{ik} U_{jl} a_l \langle a_k | a_l \rangle \\ &= \sum_{k=1}^{N} U^*_{ik} U_{jk} a_k \end{aligned} \tag{8}$$

$\hat{A}$の固有値は実数なので、$a^*_k = a_k$です。そこで、A_{ij}の複素共役を取ってみましょう。

$$A^*_{ij} = \left(\sum_{k=1}^{N} U^*_{ik} U_{jk} a_k \right)^* = \sum_{k=1}^{N} U_{ik} U^*_{jk} a^*_k = \sum_{k=1}^{N} U^*_{jk} U_{ik} a_k \tag{9}$$

これを（8）と見比べると、$A^*_{ij} = A_{ji}$であることがわかります。この結果と（2）を見比べると、固有値が実数であるような行列$\hat{A}$は、自分自身とエルミート共役が等しいような行列、

$$\hat{A}^\dagger = \hat{A} \tag{10}$$

であることがわかります。このような行列を「エルミート行列」と言います。すなわち、位置や運動量のように、測定値が実数であるような物理量を表す行列はエルミート行列でなければいけないのです。

本文でも登場した正準交換関係、

$$[\hat{X}, \hat{P}] = i\hbar \tag{11}$$

の右辺が純虚数でなければならないのはそのためです。実際、この関係を行列の成分で書くと、

$$\sum_k (X_{ik} P_{kj} - P_{ik} X_{kj}) = i\hbar \ \delta_{ij}$$

ですが、$\hat{X}$ と $\hat{P}$ がエルミート行列であることに注意しつつこの両辺

の複素共役を取ると、

$$\sum_k (X_{ik}P_{kj} - P_{ik}X_{kj})^* = \sum_k (X^*_{ik}P^*_{kj} - P^*_{ik}X^*_{kj})$$

$$= \sum_k (P_{jk}X_{ki} - X_{jk}P_{ki})$$

$$= [\hat{P}, \hat{X}]_{ji} = -i\hbar\delta_{ij}$$

となります。$[\hat{X}, \hat{P}] = -[\hat{P}, \hat{X}]$ なので、これは（11）と全く同じ式です。これは、右辺が純虚数で、複素共役を取ったことで符号が反転したからです。（11）の右辺に虚数単位 i がついていないと、$\hat{X}$ と $\hat{P}$ がエルミート行列であることと矛盾してしまうのです。

7. 位置と運動量の不確定性関係

正準交換関係（11）が成り立つと、位置と運動量の不確定性の積がプランク定数以上になることが証明できます。

以下、状態ベクトルを $|\psi\rangle$ として、任意の行列 $\hat{A}$ に対して $\langle\psi|\hat{A}|\psi\rangle \equiv \langle\hat{A}\rangle$ のように省略します。その上で、行列 $\Delta\hat{X}$ と $\Delta\hat{P}$ をそれぞれ、

$$\Delta\hat{X} \equiv \hat{X} - \langle\hat{X}\rangle,\ \Delta\hat{P} \equiv \hat{P} - \langle\hat{P}\rangle \tag{12}$$

と定義しましょう。実数 t に対して、$|v(t)\rangle \equiv (\Delta\hat{X} + it\Delta\hat{P})|\psi\rangle$ なるベクトルを考えると、その長さの二乗は定義から0以上です：

$$\begin{aligned} 0 \leq \langle v(t)|v(t)\rangle &= \langle\psi|(\Delta\hat{X} + it\Delta\hat{P})(\Delta\hat{X} - it\Delta\hat{P})|\psi\rangle \\ &= \langle\psi|(t^2(\Delta\hat{P})^2 - it[\Delta\hat{X}, \Delta\hat{P}] + (\Delta\hat{X})^2)|\psi\rangle \\ &= t^2\langle(\Delta\hat{P})^2\rangle - t\langle i[\hat{X}, \hat{P}]\rangle + \langle(\Delta\hat{X})^2\rangle \\ &= \langle(\Delta\hat{P})^2\rangle t^2 + \hbar t + \langle(\Delta\hat{X})^2\rangle \end{aligned}$$

2行目から3行目に移るときに（12）を、最後の行に移るときに（11）を使いました。最後の式は t の2次式です。これが常に0以上であるということは判別式が0以下ということです：

$$D = \hbar^2 - 4\langle(\Delta\hat{P})^2\rangle\langle(\Delta\hat{X})^2\rangle \leq 0 \quad (13)$$

$\langle(\Delta\hat{X})^2\rangle$ と $\langle(\Delta\hat{P})^2\rangle$ は、それぞれ位置と運動量の不確定性 ΔX、ΔP の二乗なので、この関係式は

$$\Delta X \cdot \Delta P \geq \frac{\hbar}{2} \quad (14)$$

を意味しています。これは本文にも登場した不確定性関係に他なりません。

8. ハミルトン形式の古典力学と正準量子化

ここではハミルトン形式の古典力学を導出して、本文でも登場したハイゼンベルク方程式、

$$-i\hbar\frac{d\hat{X}}{dt} = [\hat{H}(\hat{X},\hat{P}),\hat{X}],\ -i\hbar\frac{d\hat{P}}{dt} = [\hat{H}(\hat{X},\hat{P}),\hat{P}] \quad (15)$$

の由来を見ていくことにしましょう。ただし、本質的でない難しさを避けるために、位置も速度も１成分に限って、１次元の運動を考えています（３次元への拡張は簡単です)。

古典力学の出発点はもちろん運動方程式 $F = ma$ です。右辺に登場する加速度aは速度vの時間微分、$a = \frac{dv}{dt}$ です。さらに速度vは位置xの時間微分、$v = \frac{dx}{dt}$なので、オリジナルの運動方程式は $F = m\frac{d^2x}{dt^2}$ のように時間で２回微分しています。この「二階微分」という構造は、時に問題を複雑にします。そこで、微分の数が多いことによって生じる問題を回避するために、方程式に現れる時間微分の数を１個にしてしまおうというのがハミルトン形式の狙いです（ただし、その代償として変数がxとpのふたつになります)。

運動量pは、速度vと質量mのかけ算 $p = mv$ で定義されることを思い出しましょう。すると、$a = \frac{dv}{dt}$なので、運動方程式の右辺は $ma = \frac{dp}{dt}$と表せます。一方、物体に働く力としては、万有引力やバネの力のような「保存力」に限定しましょう。このような力は、必ず $F(x) = -dV(x)/dx$ のように、「ポテンシャル関数」と呼ばれる関数V

(x)の微分で表せます。以上をまとめると、$F=ma$は、

$$-\frac{d}{dx}V(x)=\frac{dp}{dt} \tag{16}$$

と書けます。

ところで、速度vは位置の時間微分 $v=\frac{dx}{dt}$でした。運動量の定義 $p=mv$ をもう一度思い出すと、これは $\frac{p}{m}=\frac{dx}{dt}$ と表せます。さらに、$p=\frac{1}{2}\frac{d(p^2)}{dp}$ という（一見当たり前の）関係を使うと、この式は、

$$\frac{d}{dp}\left(\frac{p^2}{2m}\right)=\frac{dx}{dt} \tag{17}$$

と表せます。ちなみに、$\frac{p^2}{2m}$という量は、$p=mv$ を代入すると $\frac{1}{2}mv^2$ となります。物理を勉強すると必ず登場する「運動エネルギー」です。

ここで、(16) 式と (17) 式の左辺に出てくる量をひとまとめにして、

$$H(x,p)=\frac{p^2}{2m}+V(x) \tag{18}$$

と書くことにしましょう。これは、物理の世界では「ハミルトニアン」と呼ばれる量で、物体が持つ力学的エネルギー（運動エネルギーとポテンシャルエネルギーの和）に相当します。これを用いると、(16) 式と (17)式はそれぞれ（左辺と右辺を入れ替えて）、

$$\frac{dp}{dt}=-\frac{\partial H}{\partial x},\ \frac{dx}{dt}=\frac{\partial H}{\partial p} \tag{19}$$

というバランスの良い形式で書けます（$\frac{\partial}{\partial x}$ は偏微分、すなわち、x以外は定数と思って微分せよという記号です）。

さらに、天下り的で恐縮ですが、xとpの関数 $A(x,p)$, $B(x,p)$ に対して、

$$\{A(x,p),B(x,p)\}\equiv\frac{\partial A}{\partial p}\frac{\partial B}{\partial x}-\frac{\partial A}{\partial x}\frac{\partial B}{\partial p} \tag{20}$$

という記号を定義します（「ポアソン括弧」と呼ばれます）。すると、xとpは、

$$\{p, x\}=1 \tag{21}$$

という関係式を満たし、(16) 式と (17) 式はそれぞれ次のように書けます。

$$\frac{dp}{dt}=\{H(x,p),p\},\ \frac{dx}{dt}=\{H(x,p),x\} \tag{22}$$

もくろみ通り、時間微分が1個になった代わりに、変数が x と p のふたつに増えました。これがハミルトン形式での運動方程式、通称「ハミルトン方程式」です。少々数学の操作を使いましたが、やっていることは単純に運動方程式の書き換えです。

ここで、ハミルトン形式（古典力学）のポアソン括弧 (21)、ハミルトン方程式 (22) を、ハイゼンベルク形式（量子力学）の正準交換関係 (11)、ハイゼンベルク方程式 (15) と比較してみてください。形式が完全に一致していることがわかると思います。実際、ハミルトン形式から出発して、

$$x(t) \rightarrow \hat{X}(t),\ p(t) \rightarrow \hat{P}(t),\ \{\cdot,\cdot\} \rightarrow -\frac{1}{i\hbar}[\cdot,\cdot]$$

のように、位置と運動量を行列に置き換え、ポアソン括弧を行列の交換子に置き換えると、ハイゼンベルク形式の量子力学が得られます。このような手順で古典力学から量子力学に到達する方法を「正準量子化」と言います。

9.　量子の複製不可能定理

量子の世界では、量子状態のオリジナルを残したまま、そのコピーを作ることはできません。これは次のように示せます。

状態 $|A\rangle$ を複製するということは、$|A\rangle$ をそのままの状態に保ちながら、別の状態 $|0\rangle$ を $|A\rangle$ に変化させるということです。量子状態を変化させる操作は行列で表現されるので、もしもそのような変化が可能だとしたら、「コピー行列」とでも呼ぶべき行列 U が存在して、どんな状態ベクトル $|A\rangle$、$|B\rangle$ に対しても

$$U|A\rangle|0\rangle=|A\rangle|A\rangle,\ U|B\rangle|0\rangle=|B\rangle|B\rangle$$

を満たすはずです。この２式の両辺のエルミート内積を取ると、

$$\langle B|\langle 0|U^\dagger U|A\rangle|0\rangle=\langle B|\langle B|\ |A\rangle|A\rangle$$

となります。

一般に、量子状態が変化したとしても、全体の確率は変化しません。すなわち、Uはユニタリー行列で、$UU^\dagger=1$を満たします。このことに注意すると、この式は、

$$\langle A|B\rangle^2=\langle A|B\rangle$$

と等価であることがわかります。これが成り立つのは、$\langle A|B\rangle=0$または１のときだけですが、これは一般的な$|A\rangle$と$|B\rangle$については成り立ちません。一般的な量子状態を、オリジナルを残したままコピーすることは原理的にできないということです。

参考図書

より深く学びたい方向けにいくつか本を紹介します。ただし、このリスト以外にも素晴らしい本は山のようにあります。是非、ご自身の感性の赴くままに多くの本に触れてください。

標準的な量子力学の教科書

量子力学をちゃんと学びたい方向けの、代表的で読みやすい教科書です。

『現代の量子力学（上・下）第２版』
J.J. サクライ・J. ナポリターノ＝著、桜井 明夫＝訳（吉岡書店）

『量子論の基礎―その本質のやさしい理解のために』
清水 明（サイエンス社）

『量子力学』 砂川 重信（岩波書店）

『量子力学 Ⅰ，Ⅱ』 猪木 慶治、川合 光（講談社）

※最後の本は中級～上級者向けですが、演習問題が豊富なのでじっくりと腰を据えて勉強したい方におすすめです。

読み物

量子力学の歴史的・思想的な側面に興味のある方向けです。

『部分と全体―私の生涯の偉大な出会いと対話』
W.K. ハイゼンベルク＝著、山崎 和夫＝訳（みすず書房）

『量子力学と私』 朝永 振一郎（岩波文庫）

『量子力学的世界像（江沢洋選集Ⅲ）』
江沢 洋・上條 隆志＝編集（日本評論社）

『量子革命：アインシュタインとボーア、偉大なる頭脳の激突』
マンジット・クマール＝著、青木薫＝訳（新潮社）

量子コンピュータ関連の読み物

量子コンピュータは比較的新しい分野で日進月歩です。最近の本で読みやすいものを挙げましたが、皆さんがこの本を手にする頃には古くなっているかもしれません。

『驚異の量子コンピュータ：宇宙最強マシンへの挑戦』
藤井 啓祐（岩波書店）

『量子コンピュータが本当にわかる！
――第一線開発者がやさしく明かすしくみと可能性』
武田 俊太郎（技術評論社）

フェルミオン……190, 196
フェルミ面……210
不確定性関係……109
不確定性原理……109
不揮発性メモリ……223
複素共役……129
複素数……129
複素平面……170
フラウンホーファー線……89
(マックス・) プランク……54
プランク定数……55, 176
プランクの量子仮説……55
分解能……106
(ジョン・スチュワート・) ベル……245
(ハインリヒ・) ヘルツ……43
ベルの不等式……247
偏光……195
ポアソン括弧……286
ボーアの量子化条件……70
ボゾン……190, 196
保存力……163
ポテンシャル関数……287

まやら

(ジェームズ・クラーク・) マクスウェル……43
(ロバート・) ミリカン……61
(トーマス・) ヤング……40
ユニタリー行列……289
ラグランジアン……167
(アーネスト・) ラザフォード……62
粒子……38
量子誤り訂正……273
量子アルゴリズム……259
量子ビット……257
量子もつれ状態……238
量子力学……138, 176, 178
レイリー・ジーンズのスペクトル……51

記号・アルファベット

† (ダガー)……152, 294
∞ (無限大)……202
EPRパラドクス……244
J (ジュール)……55
NISQ……274
RSA暗号……267
π／8回転……261

さくいん

質点 …… 23
質量 …… 31
自由電子 …… 210
縮退圧 …… 200
シュレディンガーの猫 …… 234
シュレディンガー描像 …… 155
シュレディンガー方程式 …… 158
（ピーター・）ショア …… 266
ショアのアルゴリズム …… 266
状態ベクトル …… 132, 148
振動数 …… 44
錐体細胞 …… 77
スピン …… 192, 231
スペクトル …… 46
正規直交基底 …… 292
制御ＮＯＴ …… 261
正準交換関係 …… 136
成分 …… 124
前期量子論 …… 101
素因数分解 …… 265
走査型トンネル顕微鏡 …… 223
速度 …… 25

たな

対角化可能 …… 291
電磁波 …… 43
統計力学 …… 47
等重率の原理 …… 47, 48
トフォリ変換 …… 262
（ルイ・）ド・ブロイ …… 65
（ジョセフ・ジョン・）トムソン …… 60
トンネル効果 …… 213
トンネル電流 …… 225
内積 …… 128, 129
波 …… 39
二重スリット実験 …… 41, 113
２進数 …… 254
ニュートン力学 …… 24
糊粒子（グルーオン） …… 192

は

（ヴェルナー・）ハイゼンベルク …… 102
ハイゼンベルク描像 …… 154
ハイゼンベルク方程式 …… 141
バイト …… 222
パウリの排他律 …… 190
波動関数 …… 157
波動力学 …… 149, 156
ハミルトニアン …… 140
半減期 …… 219
バンド …… 207
万能型 …… 261
（古典）万能ゲート …… 255
万能量子コンピュータ …… 261
光の波動性 …… 43
ビット …… 222
微分 …… 29
（リチャード・）ファインマン …… 161

さくいん

あ

(アルバート・) アインシュタイン …… 56
アダマール変換 …… 261
アニーリング型 …… 261
アルファ線 …… 62
アルファ崩壊 …… 217
位置 …… 24
一次変換 …… 125
イプシロン・デルタ論法 …… 29
色 …… 76
陰極線 …… 61
運動方程式 …… 32
エルミート共役 (†) …… 129, 152, 294
エルミート内積 …… 294
演算子 …… 125
炎色反応 …… 84
エンタングル状態 …… 238

か

解析力学 …… 169
回折 …… 40
化学反応 …… 79
角運動量 …… 193, 231
核融合反応 …… 90
隠れた変数 …… 243
可視光線 …… 40
荷電粒子 …… 63
絡み合い状態 …… 238
干渉パターン …… 42
観測問題 …… 236
ガンマ線 …… 107
ガンマ線顕微鏡 …… 104, 107
ギャップ …… 207
キュービット …… 257
行列 …… 123, 125
行列力学 …… 122, 138, 148
クォーク …… 191
グルーオン (糊粒子) …… 192
クロネッカーのデルタ …… 292
経路積分法 …… 161
原子 …… 60
光学顕微鏡 …… 104
交換子 …… 140
光電効果 …… 52
古典アルゴリズム …… 259
古典計算 …… 256
(古典) 万能ゲート …… 255
古典ビット …… 256
古典物理学 …… 22
古典力学 …… 176
固有値 …… 291

さ

最小作用の原理 …… 169
作用汎関数 …… 167
三角測量 …… 94
3次元ベクトル …… 24
時間発展行列 …… 152
次元 …… 124
視差 …… 93

N.D.C.421.3　298p　18cm

ブルーバックス　B-2139

量子（りょうし）とはなんだろう

宇宙を支配する究極のしくみ

2020年 6 月20日　第1刷発行
2023年 8 月 7 日　第9刷発行

著者　松浦（まつうら）　壮（そう）

発行者　髙橋明男
発行所　株式会社講談社
〒112-8001　東京都文京区音羽2-12-21
電話　出版　03-5395-3524
販売　03-5395-4415
業務　03-5395-3615
印刷所　（本文印刷）株式会社 新藤慶昌堂
（カバー表紙印刷）信毎書籍印刷株式会社
製本所　株式会社国宝社

定価はカバーに表示してあります。

ISBN978－4－06－520000－1

発刊のことば

科学をあなたのポケットに

二十世紀最大の特色は、それが科学時代であるということです。科学は日に日に進歩を続け、止まるところを知りません。ひと昔前の夢物語もどんどん現実化しており、今やわれわれの生活のすべてが、科学によってゆり動かされているといっても過言ではないでしょう。

そのような背景を考えれば、学者や学生はもちろん、産業人も、セールスマンも、ジャーナリストも、家庭の主婦も、みんなが科学を知らなければ、時代の流れに逆らうことになるでしょう。

ブルーバックス発刊の意義と必然性はそこにあります。このシリーズは、読む人に科学的に物を考える習慣と、科学的に物を見る目を養っていただくことを最大の目標にしています。そのためには、単に原理や法則の解説に終始するのではなくて、政治や経済など、社会科学や人文科学にも関連させて、広い視野から問題を追究していきます。科学はむずかしいという先入観を改める表現と構成、それも類書にないブルーバックスの特色であると信じます。

一九六三年九月　　野間省一

ブルーバックス　物理学関係書（I）

- 79 相対性理論の世界　J・A・コールマン　中村誠太郎＝訳
- 563 電磁波とはなにか　後藤尚久
- 584 10歳からの相対性理論　都筑卓司
- 733 紙ヒコーキで知る飛行の原理　小林昭夫
- 911 電気とはなにか　室岡義広
- 1012 量子力学が語る世界像　和田純夫
- 1084 図解　わかる電子回路　加藤　肇／見城尚志　高橋　久
- 1128 原子爆弾　山田克哉
- 1150 音のなんでも小事典　日本音響学会＝編
- 1174 消えた反物質　小林　誠
- 1205 クォーク　第2版　南部陽一郎
- 1251 心は量子で語れるか　ロジャー・ペンローズ／A・シモニー　N・カートライト／S・ホーキング　中村和幸＝訳
- 1259 光と電気のからくり　山田克哉
- 1310 「場」とはなんだろう　竹内　薫
- 1380 四次元の世界（新装版）　都筑卓司
- 1383 高校数学でわかるマクスウェル方程式　竹内　淳
- 1384 マックスウェルの悪魔（新装版）　都筑卓司
- 1385 不確定性原理（新装版）　都筑卓司
- 1390 熱とはなんだろう　竹内　薫
- 1391 ミトコンドリア・ミステリー　林　純一
- 1394 ニュートリノ天体物理学入門　小柴昌俊
- 1415 量子力学のからくり　山田克哉
- 1444 超ひも理論とはなにか　竹内　薫
- 1452 流れのふしぎ　石綿良三／根本光正＝著　日本機械学会＝編
- 1469 量子コンピュータ　竹内繁樹
- 1470 高校数学でわかるシュレディンガー方程式　竹内　淳
- 1483 新しい物性物理　伊達宗行
- 1487 ホーキング　虚時間の宇宙　竹内　薫
- 1509 新しい高校物理の教科書　山本明利　左巻健男＝編著
- 1569 電磁気学のABC（新装版）　福島　肇
- 1583 熱力学で理解する化学反応のしくみ　平山令明
- 1591 発展コラム式　中学理科の教科書　第1分野（物理・化学）　滝川洋二＝編
- 1605 マンガ　物理に強くなる　関口知彦＝原作　鈴木みそ＝漫画
- 1620 高校数学でわかるボルツマンの原理　竹内　淳
- 1638 プリンキピアを読む　和田純夫
- 1642 新・物理学事典　大槻義彦／大場一郎＝編
- 1648 量子テレポーテーション　古澤　明
- 1657 高校数学でわかるフーリエ変換　竹内　淳
- 1675 量子重力理論とはなにか　竹内　薫
- 1697 インフレーション宇宙論　佐藤勝彦